世界怪物大作戦Q

世直しYouTuber
JOSTARが闇を迎え撃つ！

JOSTAR《ジョウ☆スター》

VOICE

Prologue

まずは、この本を手にしていただいた皆さんへ、心から感謝いたします！

僕、ＪＯＳＴＡＲの自己紹介は、Chapter1で詳しく行っていますので、そちらにてご確認ください。


本書、『世界怪物大作戦Q』は、僕が初めて上梓《じょうし》する本になります。

この本のタイトルは、僕のことを知らない方にとっては、一見不思議なタイトルかもしれません。

実は、僕がプロデューサーとして、映画『東京怪物大作戦』のシリーズを制作していることから、その映画のタイトルにちなんで、本書にもそれをつけさせていただきました。

映画『東京怪物大作戦』は、コロナ禍で自粛モードの中、皆さんに少しでも楽しんでいただければという思いから、YouTuberの仲間たちと一緒に作り上げた作品のシリーズです。

ご興味のある方は、YouTubeやイベントなどで映画を随時公開していますので、ぜひチェックしてみてください。

さて、この本は、さまざまな側面から〝怪物〟をテーマにして完成させた1冊でもあるのですが、怪物という言葉には、いろいろな意味が込められていると思います。

一般的には、怪獣やモンスターとしての怪物を思い浮かべる人がほとんどだと思われます。

けれども、たとえば、あのトランプ前大統領も「Qプラン」の名のもとに、世界の頂点で覇権を握っていたカバール（グローバリスト）という怪物と闘っていたのではないでしょうか。

それに、この日本の東京にだって、実は怪物はわんさと潜んでいるのです。

そんな目に見える、または、目に見えない怪物たちを相手に仲間たちと闘いを挑んでいく、というのが映画、『東京怪物大作戦』のコンセプトだったりします。

トランプ前大統領やQなどの情報に詳しい方は、JFK（ジョン・F・ケネディ）やJFKジュニア、マイケルジャクソンなど多くの光の存在たちが、闇が支配するこの世の中をひっくり返そうとして、Qプランに沿って作戦を繰り広げてきたことをご存じだと思います。

そこで、この僕も微力ながら何かできたら、という気持ちでYouTubeの配信をスタートしたのですが、今では、同じ志を持った仲間たちと共に、YouTubeでは「スピリット祭り」というイベントを行うまでになりました。

そして、そんな活動の延長線上に、この本が誕生することになったのです。

今、闇の時代が終わりを告げて、将来的には希望に満ちた黄金時代がスタートすることになりますが、そんな時代を迎えるためにも、僕たち一人ひとりが新たな時代のヒーローとなり、未来を盛り上げていくべきではないでしょうか。

僕、JOSTARは、明るい未来の世界線からやってきた〝未来人エージェント〟として、これからもYouTube配信を続けていく予定ですが、そんな活動の一環として、たくさんの想いを込めて作ったこの本も、ぜひ、楽しんでいただけたらと思っています。

JOSTAR

Contents

YouTuber JOSTARを大解剖！

Chapter 1

YouTube番外篇
～JOSTARの原点『AKIRA』から世の中の裏を読む～

Chapter 2

『東京怪物大作戦』とエイリアン

Chapter 3

Chapter 4

JOSTARとYouTuberの仲間たちが大集合！
～Members From「スピリット祭り」～

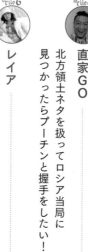

Chapter 1 YouTuber JOSTARを大解剖！

JOSTARのすべてがわかる50問50答を一挙公開！

Q1 「JOSTAR」というアカウントの名前の由来は？

本名は、「JOAH《ジョア》」でフランス語読みです。名前の由来は、アメリカ人の父親がアメリカで有名な喜劇作家のバーナード・ショーのファンだったことにちなむそうです。DJをやっていた最初の頃は、「DJ JOAHSTAR《ジョースター》」と名乗っていましたが、そのうちに、「JOSTAR《ジョウ☆スター》」という名前に落ち着きました。

Q2 YouTubeをはじめたのはいつ？

今から約15年前の2006年頃です。アメリカでは、YouTube本社の設立は2005年ですが、その後すぐにアカウントを登録したので、日本でYouTubeがメジャーになる前の〝YouTubeの黎明期《れいめいき》〟からの長いお付き合いです。

もともとのキャリアとしては、コンサートプロデューサー、イベントオーガナイザーをしていたので、常にライブの記録をするための動画を撮影していたことから、動画制作には慣れていたかもしれません。

Q3 YouTubeをはじめたきっかけは？

当初は、ライブコンサートの記録動画をアップするためでした。

けれども、「好きなことで生きていく」というYouTubeのCMのコピーにやられて、２０１６年からソロチャンネルを始動することにしました。

初期のチャンネル、「STARZ LABEL」はかなり昔の動画になりますが、よかったら検索してみてください。

Q4 現在のチャンネルの登録者の数は？

メインチャンネルの登録者で8万人くらいです（２０２１年6月時点）。

運営しているすべてのチャンネルを合わせると、計20万人くらいの登録者がいるかと思われます。

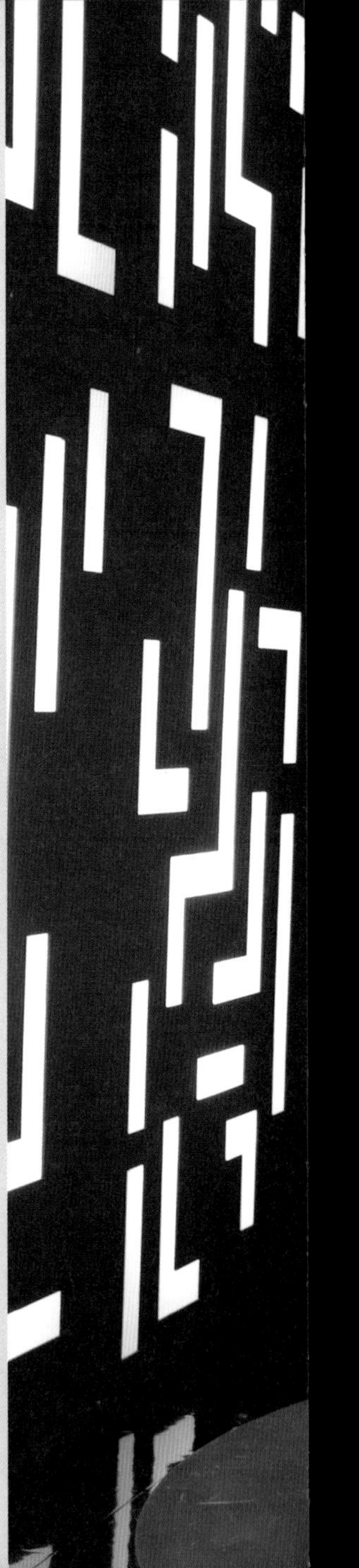

Q5 それぞれのチャンネルについて教えて！

「STARZ LABEL JOSTAR」

YouTubeを開始した頃のPV（プロモーションビデオ）や音楽プロデュース関連のチャンネルです。

これまで約300に及ぶPVを作っています。ライブやイベントの記録などもあります。

「JOSTARソロチャンネル　メインチャンネル」

基本的にはライブ配信が中心ですが、最初の頃は、歌を歌ったり、自分の好きなライフスタイルを自由に表現するような内容の動画を毎日アップしていました。

そのうち、日々起きる出来事を紹介する中で、たとえば、地震や天変地異などが起きたりすると、その周辺の情報を探るようになり、自然に陰謀論にも触れるようになってきました。

そして気づけば、いつの間にかライブ配信で日々のニュースをリアルタイムで紹介するスタイルに。数年前のトランプ政権あたりから、ついに〝世直しチャンネル〟みたいになってきたのです。

ちなみに、YouTube本社のライブ配信のテストケースにかなり早い時期から選ばれていたので、ライブ配信に関しては、他のYouTuberさんたちが着手するよりも、かなり早いスタートだったと自負しています。

「JOSTAR2 サブちゃんねる」

都市伝説好きやオカルトの世界の深みに入った人たちに、好評をいただいているチャンネルです。

スピリチュアル好きの人たちも、こちらのチャンネルが好きかもしれませんね。

ただし、かなりオカルト色が強いうえ、陰謀論的なテーマも多いことから、アンチの人が多いのも特徴です。

JOSTARサードチャンネル

僕は、YouTuberになりたい人のためのコンサルテーションも行っており、このチャンネルはそれを専門的にアドバイスするためのものです。

動画の中では、話の流れで他の話題やトランプさんの話になったりもしますが、基本的にはアドバイスをメインに語っています。

たとえば、今回、本書にも登場いただく岡本一兵衛さんにもYouTubeの方向性などアドバイスをさせていただいたのですが、彼の「イチベイチャンネル」は、たったの1か月で3万人の視聴者が登録するほど大成功しました。これは、コンサルが上手くいったケースと言えるでしょう。

JOSTAR 4thチャンネル

世の中の面白い話から芸能界の話題まで、なんでもありのチャンネルです。トランプさん関係からQアノンに至るまで、いろいろなテーマを取り上げています。

JOSTAR 5thチャンネル

僕のすべてのチャンネルをまとめたチャンネルで、総括的な視点の「まとめチャンネル」のような位置づけです。

Q6 一番登録者数が多いチャンネルは？

メインチャンネルです。

Q7 編集も全部自分で行っている？

仕事柄、カメラはいろいろな種類を持っていますが、日々の動画はできるだけシンプルな編集を心がけています。もちろん、ＰＶや映画などは、こだわった編集をしています。特に、ＣＭなどになるとビジュアルエフェクトにこだわった編集をしますね。制作にはスピードが優先になるのか、時間をかけてこだわったプロの編集にするのか、などによって作り方が変わってきます。

Q8 一番再生回数が多いのはどんな動画？

昔プロデュースしていたアーティストさんのＰＶ。

Q9 ファンの人はどんな人が多い？

視聴者の方の年齢層は、20代から80代と幅広いですが、男女比だと女性の方が6割です。僕のファンの方は、「世の中の真実を追求したい！」というような真面目で真剣なマインドを持ったポジティブな方たちも多いのですが、たまに、ちょっぴりメンヘラな方がいたりするのも特徴ですね（笑）。

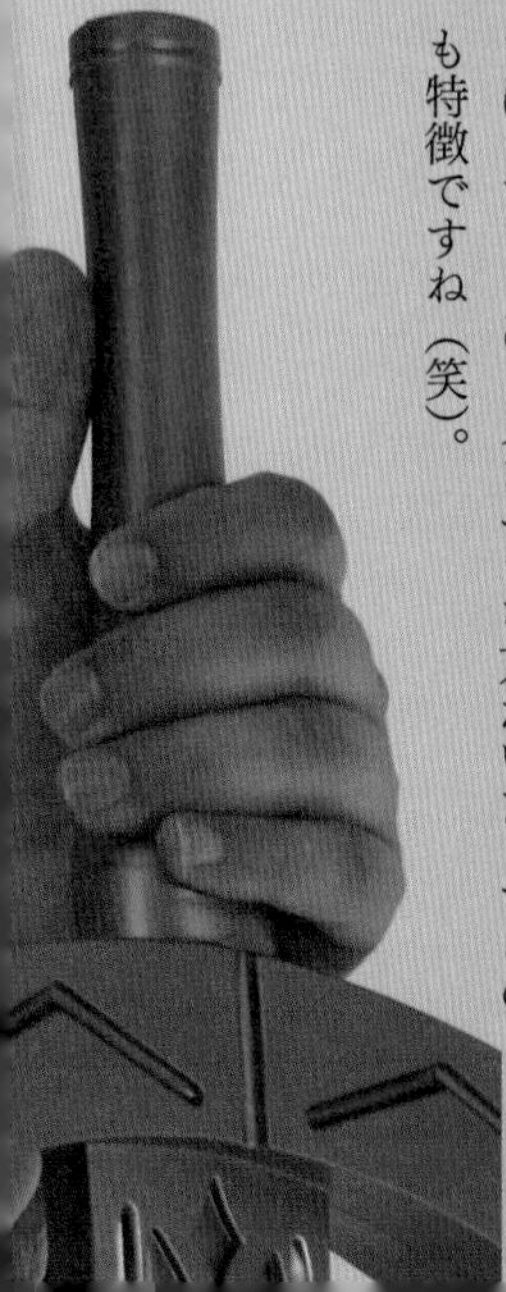

UCHU

Q10
動画を作る際に心がけていることは？

YouTubeに関しては、制作する時間のスピードを重視して編集していますが、たまに面白い動画を作りたい場合、解像度の高いものを制作します。

Q11
YouTuber 以外にはどんな仕事をしている？

音楽プロデュース、映画プロデュース、YouTubeのコンサルテーション。時にはＴＶドラマやＣＭなどにも出演するタレント業をやることもありますし、過去には、海外セレブのボディ・ガードや警備士などもしていたこともあります。

MARIKUCHUS!
peenemünde yape

Q12 ハーフということですが、どこの国とどこの国のハーフ？

父親がアメリカ人で母親が日本人のハーフですが、父親の方はフランスの血も入っています。父親はすでに亡くなっていますが、東京・立川の旧米軍のエアフォース出身で、その後、日本で事業を興しました。母親は帽子デザイナーです。

Q13 小さい頃はどんな少年だった？

典型的なハーフの可愛い少年で、前髪がぱっつんのスタイルでした（笑）。

小さい頃は、周囲にハーフの子があまりいなかったので、よくいじめに遭いました。そこで、ケンカに勝てるようにとアクション映画ばかりを見るようになりました。

もともと父親の影響で、小さい頃から見る映画なども主演がアーノルド・シュワルツェネッガー、シルベスター・スタローン、プレスリー、スパイダーマンなど強い男やヒーロー系の映画ばかりだったので、自然に「強くなる」ことが自分の中にインプリントされていたと言えるでしょう。おかげさまで、ケンカにも強くなりました。

少年時代の僕

Q14 家族構成は？

家族は両親の他に、姉、兄、僕、弟の４人きょうだいでしたが、破天荒な人生を送っていた父親のせいで、義理の兄弟たちがたくさんいたりします。

かなり大きくなってから知ったのですが、なんと驚いたことに、父親には別の家庭もあったのです。

僕がそれに気づいたのは高校生になってからですが、バンド活動をしている時に、バンドのメンバーに「お前と同じ名字の人がいるよ！」と教えてもらったのです。

その後、機会を作ってその人に実際に会ってみたら、僕と顔が似ていてびっくり（笑）。

その時初めて、父親にはもう１つ家族があったことを知りました。

まさに漫画の『ジョジョの奇妙な冒険』（作 荒木飛呂彦）の主人公、東方仗助《ひがしかたじょうすけ》のキャラクター設定と同じではありませんか（わかる人にはわかるかと）。

さらには、父親が日本のエアフォースの基地に駐在する前には、アメリカにも最初の家族がいたそうで、その家族たちともその後、縁があってつながることになりました。

ちなみに、日本のもう1つの家庭の長男は、外交官だったりします。

今ではFacebook上で3つの家族が仲良くつながり、時折やりとりしているという不思議な一大ファミリーです（笑）。

Q15 学生時代はどんな生徒だった？

小中学校の頃はサッカー少年でした。

でも、吉祥寺生まれだったこともあり、土地柄、次第に音楽に目覚めて、高校生になると軽音楽部でバンドを組み、一躍スーパースターになりました（笑）。

その頃は、真剣にメジャーデビューを目指していましたが、結果的に今ではメジャーデビューをする人たちのプロデュースをする側になっていますね。

Q16 得意だった科目と苦手だった科目は？

物理など理数系が得意でした。高校の時には相対性理論の論文を書いたこともあります。

苦手だった科目は、国語や語学系。ちなみに、英語は小さい頃はしゃべれていたようですが、だんだんと退化してしまいました。

Q17 部活はやっていた？

小学生の頃は、学校で行う健康診断で心電図の異常によく引っかかって運動制限をされていました。でも、そんな状況でも小中学校時代はサッカー部に在籍し、中学時代はラグビーも少したしなみました。

高校生になると、軽音部に所属して音楽一筋の生活に。

高校の卒業アルバムには僕のライブシーンの写真がたくさん載っています。

Q18 得意なスポーツは？

サッカー、ラグビー。

Q19 趣味は？

映画鑑賞やラーメンなど。

Q20 今、一番欲しいものは？

カメラはすでにたくさん持っているけれど、海外のカメラや、映画撮影に使える機材、アイテムなどが欲しいですね。

Q21 好きな食べ物は？

ビーフジャーキー、カレー、ラーメン。

Q22 嫌いな食べ物は？

奈良漬。

Q23 ズバリ、YouTuber って稼げる？ そのためにはどうしたらいい？

YouTube というメディアは、やり方によっては、怖ろしいほど巨額なお金を稼げる、すごい職業だと思います。

でも、そのためには、「恥を捨てる」ことが必要です。

ありのままの姿を見せることで、視聴者の方に共感を抱いてもらえるのです。

Q24 これまで買ったモノの中で一番高価なモノは？

カメラ。

Q25 YouTube で好きなチャンネルは？

自分以外のチャンネルだと「PDRさん」「はじめしゃちょー」「ウマヅラビデオ」「Ichibei」「直家GO」などですね。

Q26 YouTuber で会ってみたい人は？

海外の1000万人くらい登録者数がいるチャンネルの有名な YouTuber さんたちでしょうか。

Q27 YouTuberで仲のいい人は？

シネマッツンとイチベエさん。

Q28 YouTuberでコラボしてみたい人は？

過去に、撃退・報道系YouTuberの「令和タケちゃん」とコラボをしましたが楽しかったです。今後は海外のYouTuberさんとコラボしてみたいです。

Q29 これからやってみたいことは？

YouTube本社でやったスイッチングでのライブ配信。
コロナ禍が終われば、海外での動画撮影もやってみたいですね。

Q30 3年後は何をしていますか？

ベーシックインカムをもらいながら、皆と仲良く生きていると思います。

Q31 10年後は何をしていますか？

これまで、一部の選ばれた人だけにしか公開されていなかった高度なテクノロジーもリリースされる時代が到来して、すばらしい未来になっているのではと思います。

また、その頃には、時空移動ができるテクノロジーも実現しているのではないかと思います。タイムスリップなどは、ぜひやってみたいですね。

Q32 30年後は何をしていますか？

まだまだ〝そこそこ若い老人〟として、元気に活動していると思います（笑）。

Q33 好きな映画は？

『AKIRA』『マトリックス』『アベンジャーズ』『ランボー』『ターミネーター』『エクスペンダブルズ』など。SF系多し。

Q34 好きな音楽は？

ジャンルで言うなら、ラウドロック、ミクスチャー、メタル系など。

Q35 好きな本は？

ゴシップ系の雑誌、音楽雑誌など。

Q36 好きな色は？

赤、黄色など派手な色。白と黒のモノトーンも好き。

Q37 トランプ前大統領について一言

大富豪であるとはいえ、本来なら大統領として年間で4500万円もらえる給料を年間1ドルでやってきたトランプの志は、やはりすばらしいと思う。

トランプにまつわる情報はいろいろあるけれど、彼が行おうとしてきたミッションなどについては、わりと信頼性が高いと思う。

Q38 バイデン大統領について一言

巷《ちまた》の噂《うわさ》にもあるように、ニセモノの確率が高いと思われる。

「AI大統領」とも呼ばれていたりするけれど、確かに、顔と身体の動きが違ったりすることも多いような気がする。政権の話についてはコメントのしようがないですね。

Q39 オバマ元大統領について一言

元ファースト・レディだったミシェル・オバマ（知る人ぞ知る、もともとは男性）と共に残念なカップルだと思います。

アメリカでは、オバマはバイデンとも関係があったという噂もあり、いろいろと闇すぎる……。

Q40 ヒラリー・クリントンについて一言

すでにダブル（替え玉）や何体ものクローンの話が出てきて久しいが、もはや存在自体がロボットなのか何なのかよくわからない悪魔崇拝の象徴。

Q41 2020秋のアメリカの大統領選について一言

不正選挙があったけれども、やはりQの言う通り、これは人類の目覚めを促すためのショーにすぎないと思われます。

Q42 新型コロナウイルスについて一言

コロナは、もともとは闇側の計画だったものが、

Qプランによって上手くひっくり返ったケースだと言えるでしょう。

つまり、コロナをきっかけに今後人々の目覚めがさらに進むことで、情報開示なども行われるようになるという意味においては、コロナは必然だったのかもしれません。

Q43 YouTube 動画をライブ配信するのはなぜ？

一言で言えば、必要とされているから。

日々世界中で起きているニュースや天変地異などの関係につながりを発見したりなど、自分自身も成長するために YouTube はライブ配信をしています。

Q44 YouTube動画をアップするのにお金はかかる？

基本的に無料ですが、やはり最低限の知識は必要です。

動画の撮影・編集が楽しくなってくると、いい機材やカメラなどが欲しくなってきます。

Q45 YouTuberになる前となった後で生活はどんなふうに変わった？

YouTubeをやる前から、コンサートやイベントプロデューサーなどもともと好きなことはやっていました。

けれども、コロナ禍になり、人々がウェブ上にリモートで集まるということが普通になるような時代になった今、YouTubeは、より今の時代に即したメディアではないかな、と思います。

最近では、「好きなことで生きていく」をさらに一歩進めながら楽しく活動しています。

Q46 YouTube のいいところってどんなところ？

YouTube は、一言で言えば、「いろいろなシステムが備わった万能ロボット」みたいなもの。ワールドワイドのサービスであり、誰もが気軽に参入できるシンプルさもあるので、まだまだしばらくは「YouTube 王国時代」が続くと思われます。

Q47 YouTube から警告が来たことある？

サブチャンネルの方に警告が来たことはあります。ただし、警告が来るその基準や条件などもかなり気まぐれで、システム上にバグなどが発生しても警告されることがあります。

Q48 YouTube自体は闇の存在？ 光の存在？

YouTubeが誕生した頃は、いわゆる闇側の関与があった形跡もあり、昔からYouTubeに携わっている僕からすれば、そんな闇の空気感を感じたこともあります。

でも、今は闇の気配もガス抜きされて一掃されているように見受けられます。

YouTubeは、今後は闇・光のどちらでもないニュートラルなメディアとしての存在になるのではと思います。

Q49 1日にYouTubeにどれくらい時間を使っている？

3〜4時間くらい費やしていますが、たまに編集にガッツリ時間を使っています。

Q50 YouTuberになりたい人に一言アドバイスを！

YouTuberとして成功するためには、まずはとにかく、「とりあえずやってみる」という意識になることが大切です。

あまりいろいろ考えすぎずに、失敗を恐れず、躊躇《ちゅうちょ》せずにトライすることです。すると、その体験が次の新しいビジョンや方向性につながっていくのです。

今、「風の時代」の到来が叫ばれていますが、どんな風に乗るかは、あなた次第！

YouTuberを目指すなら、ぜひ、まずは自分が楽しみながらYouTubeにチャレンジするところからはじめてみてください！

YouTube番外篇

Chapter 2

～JOSTARの原点『AKIRA』から世の中の裏を読む～

44

すべては、『AKIRA』からはじまった

僕がYouTubeで都市伝説から陰謀論あたりのテーマに興味を持ち、深掘りするようになったのは、『ＡＫＩＲＡ』にまつわる動画を紹介しはじめた頃からです。『ＡＫＩＲＡ』の中に潜む都市伝説を扱うようになった２０１９年あたりから、僕のYouTubeアカウントが突然バズりはじめました。

要するに、その頃から一気に視聴者の方が増えはじめたことから、自分でもこのあたりのテーマにより興味を持つようになり、今のような動画の内容の配信がメインになりはじめたのです。

通常なら、YouTubeで陰謀論的な議論を展開している方たちは、何らかの形で人生のどこかで9・11や人工地震、イルミナティやフリーメイソンなどの秘密結社、人口削減計画、気象兵器、生物兵器などのトピックに触れたりするのだと思います。

そして、この世界には、ピラミッドの構造の頂点に君臨するエリートたちが世界を裏から統一しようとしていることを知るわけです。

つまり、この世界には「カバール」、もしくは「グローバリスト」や「ディープステイト」などと呼ばれる〝闇の存在〟がいることを知ったりするわけですが、僕にとって、その入り口は『AKIRA』だった、というわけです。

それでは、そんなきっかけになった『AKIRA』について、ここで簡単にご紹介しておきたいと思います。

『AKIRA』とは、すでにご存じの人も多いように、漫画家であり映画監督の大友克洋さんのあの有名なSFアクション漫画の作品です。

『AKIRA』を知らない方のために少し説明をしておくと、『AKIRA』とは、今から約40年前の1982年から1990年にかけて『週刊ヤングマガジン』（講談社）において連載されていた人気漫画であり、同タイトルのアニメ映画は1988年に公開されて日本だけでなく世界でも大ヒットしました。

『AKIRA』で描かれた「ディストピア（理想郷とは反対の世界、機械文明を否定する側面を描く世界）」的な世界観は、その後制作されたハリウッド映画や海外ドラマなどにも大きな影響を与えたといわれています。

そんな『AKIRA』のざっくりとしたあらすじは、2019年のコンピュータに支配された世界の中で、「ネオ東京」という都市を舞台に、アキラという超能力を持つ子どもを巡り、暴走族の少年たち、反政府派、新興宗教団体、軍隊などがそれぞれ衝突や闘いを繰り広げていく、という内容です。

2020年の「東京オリンピック」決定とその延期が予言されていた

実は、80年代の漫画だった『AKIRA』が、近未来の東京＝現在の東京を予言していたのではないか、ということについては、『AKIRA』のファンだけではなく、ネットなどでもよく話題になっているので、一般の人々の間でも知られている事実だったりします。

たとえば、ストーリーの中には「ネオ東京」という都市が出てきます。

このネオ東京は漫画の筋書きでは、1988年に関東地方に新型爆弾が投下されて第三次世界大戦が勃発することになるのですが、その後約30年を経て、東京湾上で都市が復興することになります。

そして、ようやく2020年には復興した場所、ネオ東京において東京オリンピックが開催される、というシナリオでした。

『AKIRA』が未来の現実＝今の時代の現実を予言していた、といわれる要素は幾つかあるのですが、中でも最も有名なのが、「2020年に東京オリンピックが予定される」という部分です。

加えて、漫画の中ではオリンピックに関しては、「オリンピック開催まであと147日」という看板があるシーンには、「中止だ中止」「粉砕」という落書きがあることで、漫画の世界ではオリンピック開催が反対されていることが表現されていました。


これに関しては、すでにご存じのように、この現実の世界でも、2020年の東京オリンピックはコロナのために2021年に延期されることになりました。

そして、延期が決まった以降も、感染者の増加でコロナ禍が続くために、常にオリンピックを実施するのか、中止するのかという議論がメディアでは巻き起こっています（２０２１年６月現在）。

そういう意味において、オリンピックに関しては、２０２０年に開催が予定されているという件《くだり》と、オリンピックを中止する動きがあるという件がセットになって当たったと言えるのです。

50

『AKIRA』の作品中で暗示されていた未来

他にも、『ＡＫＩＲＡ』の中には、幾つもの予言が暗示されていた箇所があるので、ここに列挙してみたいと思います。

■「復興する」というコンセプトが当たった

ネオ東京という都市が〝復興〟するというコンセプトが、現実でもその通りになりました。これについては、漫画の中では、「第三次世界大戦」による破壊からの〝復興〞でした。けれども、現実の世界では、日本は2011年に起きた「東日本大震災」からの〝復興〞が現実のものとなりました。日本人は2011年以降、3・11によるダメージや痛手から国を〝復興〞させる、という意識を持つようになりましたが、この復興という言葉は、3・11以降、産業やビジネスの側面だけでなく、「復興特別税」などという名目の税金に至るまで、あらゆるところで使われてきたのです。そういう意味において、「復興」という言葉は、2011年以降の日本にとっても自然で当たり前の言葉でもあったのです。

■東京湾に未来都市ができることが的中!?

ストーリーの中では、東京の街が破壊されたことで、東京湾という海の上に都市が復活する、ということになっていますが、これも的中するかもしれません。というのは、「ネクスト東京」という未来都市計画の一環として、東京湾の真ん中に、

2045~50年に完成予定の地上1700メートルの世界一の超高層ビル(現在の世界一高いビルはドバイにある「ブルジュ・ハリファ」で828メートルのもの)で、5万5千人が居住できる「スカイマイルタワー」が着工されるという計画があるからです。もともとは、建築家による空想的な構想からはじまった話らしいのですが、どうやらこのプロジェクトも現実化するかもしれない、という噂です。これも、東京湾に海上都市ができるということが実現されれば、予言が当たることになります。

ちなみに、1700メートルものビルを建設するには、より高度な技術や反重力的な力が必要になってくるらしいのですが、これに関しても、もうSFの世界だけではありません。というのも、現在、政府が掲げる実際のプロジェクトとして、「ムーンショット目標」という計画があります。これは、「2050年までに、人が身体、脳、空間、時間の制約から解放された社会を実現すること」を目標に掲げたプロジェクトであり、「人間が身体的能力、認知能力及び知覚能力をトップレベルまで拡張できる技術開発」を政府がオフィシャルに進めているというものです。また、この高層タワー自体がニコラ・テスラの「テスラタワー(フリー・エネルギーを提供するタワー）」になるという噂もありますが、これに関しても、真実味があるかもしれません。さらには、あの「イルミナティカード」の「JAPAN」というカードには旭日旗のデザインを背景に、高くそびえ立つ塔の絵が描かれていますが、そのような風景があと25年くらいしたら、実際に目撃できるのかもしれません。

■新型コロナによるパンデミックが的中!?

2020年に新型コロナで世界中がパンデミックに巻き込まれたことに関しても、的中したと言わざるを得ない箇所もあります。『AKIRA』の中に出てくる新聞に、「WHO、伝染病対策を非難」という見出しが存在しているからです。これについても、実際に2020年に新型コロナが世界的に広がりパンデミックになったことで、ここの部分の予言も的中したとネットでは話題になりました。

■ハイブリッドやクローン人間の開発と子どもたちに対する実験

ストーリーの中では、政府の軍が秘密裏に子どもたちに対して、超能力者になるべく開発の研究を進めています。子どもたちがヘッドギアをつけさせられて実験を行っているシーンなどもありますが、実はこのあたりも、陰謀論の世界ではある意味、お約束の要素です。なぜなら、この現実の世界の方でも、子どもたちが誘拐され、アドレノクロム*の抽出をはじめとする、さまざまな実験に使われてきていることも知る人ぞ知る事実であったりするからです。

また、1970年代には、カバール側がすでにエイリアンとのハイブリッドやクローン人間の開発をしてきたという情報もあります。このような裏の政府の動きも、意図的ではなかったにしても、漫画の中で暗示されていたような気がします。日本でも戦時中には「731部隊（第二次世界大戦において大日本帝国陸軍に存在した研究機関)」が人体実験を行っていたことは知られており、機密軍用地だった東京・西早稲田の戸山公園では1989年に大量の人骨が発見されていますが、この公園の地下には、かつて政府の秘密施設があったともいわれています。また、先述の「ムーンショット目標」などは、国を挙げてオフィシャルに「超人」の開発を行おう、というようなプランでもあるので、これまで秘密裏にそのような計画があったとしても決して不思議ではありません。

このように『AKIRA』の中には、あらすじの中心になるコンセプトとして、はたまた、画面にちょっと出てくる小さな要素までを注意深く見ていると、まさにこの2020年前後のリアルな世界で起きていることや話題になっていることを暗示する、幾つものサインが隠されていたわけです。

＊アドレノクロム
アドレナリンの酸化によって合成される化合物。小さい子どもに恐怖を与えて虐待をするとアドレナリンが急増してアドレノクロムというホルモンが合成されるが、これを大人が接種するとアンチエイジングなどに効果があるとされ、エリート層やセレブなどが使用しているといわれている。

クリエイターはアカシックレコードの情報をダウンロードしている!?

果たして、これらのすべては、本当にただの偶然なのでしょうか?

もちろん、作者の大友さんが実際の未来を知った上でそのことを知らせようという意図を持ち、この漫画を描いていたとは思えません。

しかし、起きることのすべては偶然ではないとするならば、起きることが仕組まれていた、という可能性もあるわけです。

つまり、闇の権力側が『AKIRA』に描かれている世界を利用して、それを実際にこの現実の世界で展開しているとしたらどうでしょうか?

そんな可能性だって、完全に否定はできないのではないでしょうか。

また、『ＡＫＩＲＡ』だけに限らず、クリエイターなど創作活動をする人は、無意識レベルで将来に起こり得る情報を「アカシックレコード（過去から未来までの情報がすべて記録されている宇宙のデータ図書館のようなもの）」から直感的に受け取り、自分の潜在意識の中にダウンロードしていることがあります。

さらには、この物質の世界を超えたエーテル界から、将来に起きる情報がこちらの世界に事前に漏れ出していることもあるそうで、クリエイターたちがそれらを知らず知らずのうちにキャッチしたりしている場合もあるかもしれません。

そして、それらの情報が自身のアイディアとブレンドされて作品として形になることもあり得るわけです。

アメリカのアニメ、『ザ・シンプソンズ』でも未来予測が当たりまくる

実際に小説や映画、ドラマなどの作品がその後現実の通りになる、というのはよくある話です。

たとえば、アメリカのアニメ『ザ・シンプソンズ』は、１９８９年からはじまった人気の長寿番組ですが、このアニメはブラックジョークや社会風刺などがふんだんに盛り込まれているので、子どもだけでなく大人も見て楽しむ番組として知られています。

実は、この『ザ・シンプソンズ』には、過去に作られたアニメのエピソードの中に怖ろしいほどたくさんの未来予測がされている、とアメリカでは話題になっていま

す。

たとえば、9・11より前の放映の漫画の中に9・11を予想させる画面があったり、2000年の時点でトランプ大統領が誕生するエピソードがあったり、携帯電話が普及するかなり前にアップルのマークのついたiPhoneのような機器をキャラクターがすでに使用していたり、エボラ熱やコロナウイルスの登場など、例を挙げればきりがありません。

『ザ・シンプソンズ』では、コロナウイルスに関する表現は、大阪からインフルエンザウイルスが箱の中に運ばれてきた、という設定になっていますが、〝アジア発〟という意味では当たっており、実際に漫画中のテレビ画面には、「コロナウイルス」という文字が出ているシーンもあったりします。

こんなふうに、何気なく見ている漫画やアニメには未来の情報が埋め込まれていたりするのです。

漫画やアニメに描かれる裏の真実

また漫画やアニメには未来予測だけでなく、公には語れない真実も隠されていたりします。

たとえば、日本の人気漫画の『ドラゴンボール』なども一見、子ども向けの漫画に見えていますが、そこには「ドラコニアン（爬《は》虫《ちゅう》類系のエイリアン）」の世界が描かれていたりします。

また、今から50年以上前の『ウルトラマン』のシリーズでは、普通の人間サイズの主人公が変身すると巨人化したウルトラマンになって怪獣と闘うわけです。

同様に、『ＡＫＩＲＡ』でも登場人物の鉄雄が最後には巨大な肉塊になりますが、漫画『進撃の巨人』しかり、漫画やアニメには何かと巨人が登場するのも、「太古の地球には巨人族がいた」、とする説をサブリミナルに裏付けているような気がします。

「ネオ東京」計画が密かに渋谷で進行中⁉

さて、ここで話を再び『AKIRA』に戻したいと思います。

というのも、『AKIRA』の予言はまだまだ継続中である、という噂もあるからです。

実は、都市伝説マニアの間では、闇の権力によって渋谷の街に『AKIRA』にあるような新都市、「ネオ東京」が創られようとしているのではないか、という説があります。

これについては、僕のメインチャンネルでも、そのあたりの真実を探るために『AKIRA』の予言をたどる東京の街のツアーを行ったことがあります。

たとえば、これは動画でも紹介していますが、JR渋谷駅の再開発エリアの中心地、「渋谷スクランブルスクウエア」には、実際に「HELLO neo SHIBUYA（ハローネオ渋谷）」という巨大な目の形をしたパネルのモニュメントがありました。

〝巨大な目〟という時点で、すでに有名な秘密結社のサインである「プロビデンスの目」を予想させるのですが、このパネルのすぐ側には、世界をITで支配する世界的なビッグ・テックの4大企業、「ガーファGAFA（Google、Apple、Facebook、Amazon）」のうちの1社、グーグルの日本法人が入ったビルがあるのも、まるで何かを象徴しているようです。

ちなみに、「HELLO」というのは、「こんにちは」の「ハロー」という言葉だけでなく、座標を表す暗号としての意味もあるらしく、その暗号を紐解《ひもと》くと、「HELLO」＝「東京」という意味になるとのことです。

ということは、この看板を読み解くと、「東京　ネオ渋谷」となり、「ネオ東京」という言葉になるわけです。

つまり、闇の権力側の「再開発で新しくなった渋谷をネオ東京にしますよ」というメッセージは、渋谷を支配する＝東京を支配するということであり、大きな視点では日本を支配する、ということになるのです。

渋谷が「ネオ東京」であることを暗示するサイン

それでは、渋谷が「ネオ東京」であることが暗示できる幾つかのサインをご紹介しましょう。

■「渋谷ＰＡＲＣＯ」の改装工事時に『ＡＫＩＲＡ』のイラストが展示

昭和から平成の時代にかけて、渋谷のポップカルチャーのシンボルだった「渋谷PARCO」の改装にあたって、建て替え工事の囲いが工事中の期間はウォールアート化されていたのですが、そこに描かれていたのが、あの『AKIRA』のイラストのコラージュ作品でした。また、実際にパルコの新装開店のオープニング時には、『AKIRA』に関する展覧会も行われました。考えてみれば、渋谷を闊歩している10代の中高生から20代にかけての若者たちは、今から30年以上も前の漫画、『AKIRA』の存在さえ知らない世代だったりもするわけですが、これこそ、ネオ東京プロジェクトが発動することをアピールするためのサブリミナルな手法だったのかもしれません。

■ふくろうの「ホープくん」の石像が意味すること

JR渋谷駅東口に、「パティオ宮益」という広場があり、そこに「ホープくん」というふくろうの石像があります。実は、ふくろうという動物は、都市伝説マニアにとってはかなり意味深な存在です。というのも、あのイルミナティにおいて知恵を象徴する動物がふくろうだからです。ふくろうは、闇の存在たちのスピリット・アニマルのような存在なのです。さて、このホープくんの石像がある場所から宮益坂を上がると青山通り（国道246号）につながるわけですが、渋谷から表参道、青山にかけての青山通りは都内でも一等地のエリアでもあり、実際にこの道路の両側には、いわゆる〝カバール感〟のある企業や組織などがぎっしりとひしめいています。

たとえば、その中でもビルの形から「渋谷のピラミッド」と呼ばれる国連大学本部ビルも、その代表的な1つです。ちなみに、風水的には「青」とつく場所はあまりよくないらしいのですが、青山方向へ向かって、「希望」という名のホープくんがまるで青山通りを見守るかのように立っているのも、何だか暗示めいていると思いませんか？

■岡本太郎の「こどもの樹」オブジェ

青山通りの代表的なシンボルとして、すでに移転してしまいましたが、「こどもの城」も挙げられます。現在、こどもの城の跡地には故・岡本太郎の作品、「こどもの樹」のオブジェがそのまま残されています。岡本太郎と言えば、1970年の万国博覧会での「太陽の塔」の作品が有名ですが、この太陽の塔こそ、フリーメイソンのシンボルマークである「コンパス（男性＝太陽を象徴）」と「定規（女性＝月を象徴）」をその形が体現しているというのが都市伝説マニアの間でのもっぱらの噂です。要するに、この作品の意味するところは、高度経済成長の真っただ中だった万博の時期から、日本はカバール側に支配されることになる、というプレゼンテーションでもあった、という噂もあります。「芸術は爆発だ！」で知られた岡本太郎の作品は、現在も渋谷駅の構内の壁にも最高傑作と呼ばれる巨大壁画の「明日の神話」が展示されていますが、「原爆の炸裂する瞬間とそこからの再生」という意味もまた、「ネオ東京」のストーリーをなんとなく彷彿とさせるものがあります。

こんなふうに、『AKIRA』という作品の1つを紐解いていくだけで、そこからたくさんのことを読みとることができるのです。

逆に言えば、この世界に存在するあらゆるものはつながっている、と言えるのかもしれません。

ただ、どこに、何にフォーカスを当てるのか、何をきっかけにするのか、というだけなのかもしれません。

その意味において、僕の場合はそれが『AKIRA』だったということになります。

AKIRA

★海外セレブのボディ・ガードをしていた体験から

僕は過去に、超有名どころの海外セレブの来日時にボディ・ガードをやっていたことがあります。

対象になったセレブは、インスタグラムなどではフォロワーが1億人を軽く超えるアーティストたちと言ったらいいでしょうか。

要するに、全世界の人たちのほとんどが認識しているセレブ、と言っても過言ではないくらいの超有名セレブたちです。

そんなセレブリティたちは、ハリウッドマネーで動かされている人たちなので、陰謀論の世界では、言ってみれば、ほぼカバール側の広告塔のような人たちでもあるので

JOSTAR's Column

今、ちょっと気になっていること、つぶやきます

すが、彼らにまつわるまことしやかな噂があったりもします。

それは、僕が実際にボディ・ガードをしたある超有名某男性アーティストが実際は女性である、という噂です。

これは、すでにあの元ファースト・レディであるミシェル・オバマがトランスジェンダーであるという噂などがあることからしても、現実味がある話ではないかと思われます。

また、ハリウッドスターにもすでにクローンを持っている人も多数存在し、多い人は何体も持っているなどともいわれています。

これに関しても、僕がボディ・ガードを担当した超有名女性アーティストがすでに天然の状態ではない、究極体の身体に改造されているという噂もありました。

これも、エイリアンテクノロジーを用いて造られた最先端の医療機器、「メド・ベッド（ヒーリングやアンチエイジングを量子レベルで行う機器）」などがあれば可能だったりするわけです。

超有名どころのセレブたちは、常に自分たちのＳＮＳではヘルシーな食事やワークアウトなどの様子をアップしています。

けれども、彼らは確実にそれ以外の方法で、尋常ではない若々しさや美しさを手に入れながら磨きをかけていると思われます。

ボディ・ガード時代に彼らを身近で観察していた僕だからこそ、そう思えるのです。

★英国フィリップ殿下の崩御

さて、少し前のニュースに目を向けると、英国王室のフィリップ殿下が崩御されました。

99歳という大往生の年齢であちらの世界へ旅立たれたフィリップ殿下ですが、お亡くなりになる前の近影からもフィリップ殿下がとても矍鑠《かくしゃく》としてご立派な様子がよくわかります。

つまり、お亡くなりになる前も、ほぼ100歳のお方とは思えないほど、若々しいお姿に見えるのです。

もっと具体的に説明するなら、実際の年齢より20歳くらい引いた80歳くらいに見える、と言えばいいでしょうか。

不敬ではありますが、もしかしてフィリップ殿下も、アンチエイジングのために、「メド・ベッド」に入っていたのかもしれません。

同様にエリザベス女王も今年で95歳を迎えられましたが、メディアにオンタイムで出てこられるお姿は、95歳にはとても見えないほどお元気な様子です。

エリザベス女王の場合も、メド・ベッドをもしかして使用されているのかもしれません。

人間の若さとは、人体の要である「血」がどれだけキレイか、ということで決まるといわれていますが、最先端のアンチエイジング技術が、カバールの中でもエリート中のエリートである王室の人々に使われていない、という方がおかしいかもしれません。

YouTuberとしてギリギリの情報を扱う場合のアドバイス

「YouTubeってどこまでの内容が語れるの？」

よくそんなことを聞かれることがあります。

実際に、陰謀論系、真実追求系、保守系と呼ばれるカテゴリーのアカウントは、扱う内容によっては、YouTubeの運営側から警告が何度か来たあげくに、アカウントが停止になることも多いのは事実です。

特に、昨年のアメリカ大統領選前後の期間中には関連のアカウントも増加したことから、日本だけでなく世界的なレベルで数多くのアカウントが「垢《あか》バン（アカウントが停止&削除されることを表現した用語）」されることになりました。

そこでここでは、陰謀論系、真実追求系、保守系あたりのテーマを扱うYouTuberになりたい人へ、YouTubeのコンサルをさせていただいている僕から、僕なりのアドバイスをお伝えしておこうと思います。

やはり、当然ですが登録者数の増加や再生数、そして、広告収入を当てにしようとすると、競合もひしめく中で、かなり過激なことやフェイクな情報の裏にある本当の真実だと思われることについて語ったり、表現したりしたくなるものです。

けれども、個人的には、正義感に任せて自分が真実だと信じることを思うがままにすべてを伝えればいい、というものでもないのかな、とは思っています。

アカウント主のほとんどは、大企業や組織としてのアカウントではなく一個人としての登録であり、誰もあなたを守ってはくれません。つまり、個人の身は個人で守らなければならないのです。

NGワードもデクラスで解放される日がやってくる⁉

「世の中に光を当てなければ」「もっと皆に知らせなければ！」という気持ちは強くても、いわゆる闇の勢力の圧力は、アカウント停止という措置だけでなく、YouTubeという枠を超えた全方位からやってくる、と思っておいた方がいいのかもしれません。

そういう意味において、やはり、自分の生活や人生を犠牲にしてまで闇を暴かない方がいいのかなとは思っています。

たとえば、わかりやすい具体例を挙げると、皇室関係の話題の中でも特に天皇の話をしたり、YouTubeだけでなくTwitterなどSNS全般において、警告が来ても言及を続けていたりするとアカウントが停止されることは多いです。

つまり、「天皇」「エンペラー」などのワードがあれば、審査に引っかかってしまうわけです。

これは、インターネット上におけるすべての共通用語として6000語くらいの禁止用語が存在しているらしく、そこに引っかかれば、その内容はさておき、警告の対象になるわけです。

その6000語は明らかにはされていませんが、陰謀論系、真実追求系、保守系のアカウントを運営されている人は、すでにご自身で「このあたりは危ないな」というワードなどは肌感覚でわかるのではないかと思います。

ただし、逆に言えば、NGワードの中には性的な表現などを除き、いわゆる闇側が隠蔽しようとしている内容に関する用語が多いわけです。

たとえば、「9・11」にしても「コロナ」にしても、「ワクチン」や「人工地震」にしても、真実を追求されては困ることが要注意用語になっているわけです。

それはつまり、「要注意用語の裏には真実が隠されている」ということでもあるのです。

というわけで、陰謀論系、真実追求系、保守系アカウント主の方たちは、そのあたりの表現をどこまでにするか、ということに常に葛藤を覚えているはずですが、闇を突きすぎない程度に突く、という匙《さじ》加減を自分なりに見つけるといいのではと思います。

こんなふうに、制限も多い中で自己表現を行わないといけないのがYouTubeでもあるのですが、最後に1つだけいいニュースをお伝えしておきましょう。

現在、「デクラス（機密情報解除）」という時代の流れの中に入っているのは確かです。

つまり、今後はこれまでの価値観が大きく変わるような時代が到来するのです。

そうすると、このような情報の扱い方やＳＮＳ側の対応にも少しずつ変化が出てくるのではと思っています。

やはり、「表現の自由」は人権としても保障されるべきなので、不適切な表現は除くとしても、自身のアカウントでは言いたいことが言える、という時代がくることをこの僕も楽しみに待ちながら発信を続けたいと思います。

Chapter 3

『東京怪物大作戦』とエイリアン

PART① ショートフィルム『東京怪物大作戦』

『東京怪物大作戦』について

ここでは、『東京怪物大作戦』というショートフィルムのシリーズについてご紹介したいと思います。

僕がプロデュース、キャスト兼助監督を務め、友人のシネマッツン（Chapter4の「JOSTARとYouTuberの仲間たち」の158ページに登場）が脚本、撮影、監督を務める『東京怪物大作戦』の短編映画は、すでにこれまでに4シリーズが完成しています。

『東京怪物大作戦』とは、東京を舞台に人間がさまざまな怪物と闘う様子を描いた映画で、都市伝説やスピリチュアルの他、ところどころに笑える要素も盛り込んだエンターテイメントな作品のシリーズです。

このシリーズは、もともとは、映像作家のシネマッツンが作成した自主映画のミステリー、『太陽が沈んだ日』がベースになったものです。

『太陽が沈んだ日』とは、社会から見放された引きこもり男の深層心理の世界を描いた映画で、ウツや自殺などを生み出す現代の日本社会の闇を描いた内容のフィルムだったのですが、そのコンセプトをベースに、シネマッツンが好きな『ウルトラQ（ウルトラシリーズ第1作で1966年から放映された特撮ヒーロードラマ)』のレトロな世界観を加え、その続編として誕生したシリーズです。

『東京怪物大作戦』の第1作目は、引きこもりの若者を闇のオフィスに監禁し強制労働させる怪物を追う新聞記者とホワイトハットの物語で、『太陽が沈んだ日』とかなりリンクした内容になっています。

しかし、第2作目以降は、陰謀論的な要素に加えて、オカルトやスピリチュアル的な要素も入れ込み、この世界の真実を追求するようなシリアスなタッチの内容に加え、少しコミカルな要素も加えた作品へとどんどん進化していきました。

たとえば、闘いに臨む側も「Q(Qアノン)」をイメージさせる存在だったり、人間と闘う〝悪者〟も闇の世界の「ゴム人間(人造人間、フェイクな人間、ハイブリッド的な存在)」を登場させたりなど、シリアスなネタの中にも、くすっと笑えるユーモアがあふれる作品となっています。

ちなみに、僕はコロナ禍で自粛ムードが続く中、YouTubeの活動において、他のYouTuberの仲間たちと「こんな時期だからこそ、明るく元気なスピリットでやっていこう！」という意味を込めて、「スピリット祭り」というイベントを開催していました。

その際に、イベントの出演者たち全員が『東京怪物大作戦』のシリーズに出演できるといいなと考え、そのような台本を組み、結果的に全員が実際に参加する作品になりました。そんなシリーズに登場してくれた僕のYouTuberの仲間たちは、Chapter4の「ＪＯＳＴＡＲとYouTuberの仲間たちが大集合！」でも紹介しています。

今後は、各出演者たちにフォーカスを当てた新たな作品もスピンオフとして制作予定です。

この映画は、これまで僕の主催するイベントなどクローズドな場でのみ公開をしてきたので、この映画のことを知らない人もまだ多いと思うのですが、YouTubeで検索すればメイキング動画などを含め、視聴できるものもあるので、ぜひ、ご覧になっていただけるとうれしいです。

また今後は、これまでの作品を一挙公開することも考えています。

これからも、映画関連のイベントはどんどん開催する予定ですので、ぜひ、興味のある方はご参加いただき、皆で一緒に楽しめたらと思っています。

写真で綴る『東京怪物大作戦』

ここからは、『東京怪物大作戦』のシリーズの撮影中の1コマを写真でご紹介したいと思います。YouTuberの仲間たちのカッコいいクールで勇ましい姿だけでなく、ちょっとずっこけた愉快なシーンも満載です。

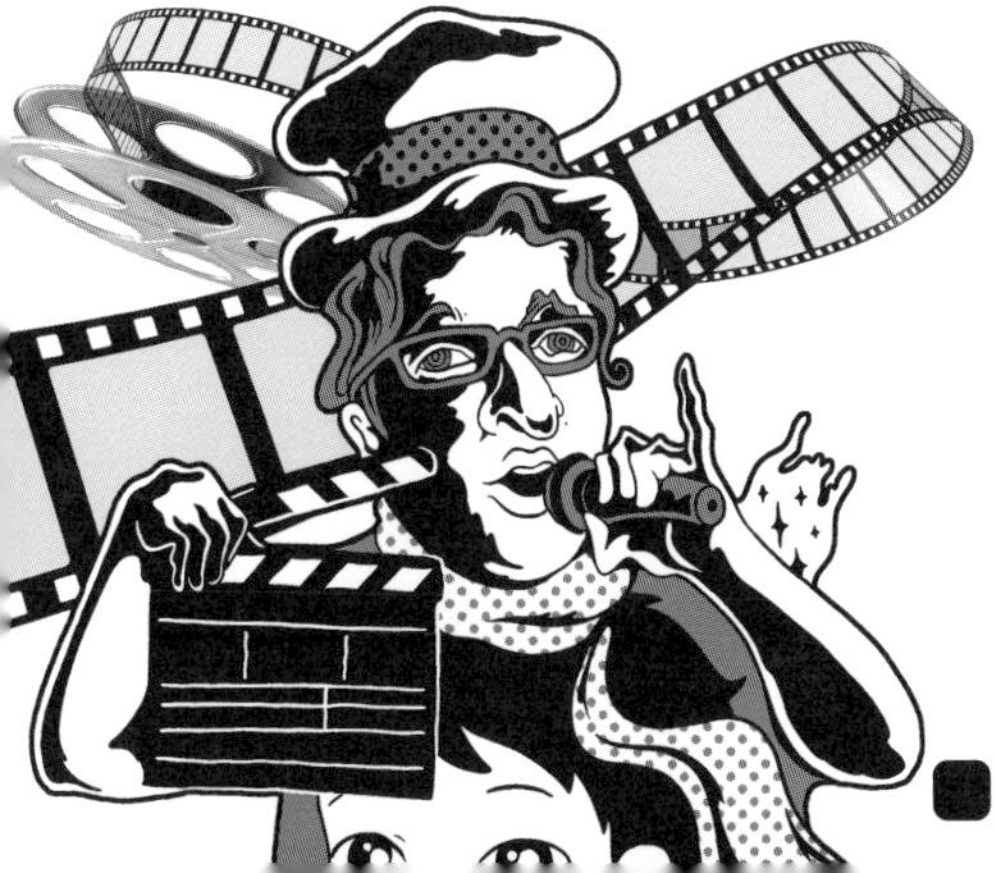

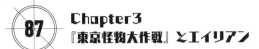

メド・ベッドで覚醒し変身した
「トランピアンズ特殊部隊」
のメンバーの集合写真

撮影中にカメラを
のぞき込む監督の
シネマッツン

89

「メド・ベッド」で変身を遂げた未来人
JOSTARと侍イチベエ

ゴム人間の集合写真

90

自慢のカメラFX6で助監督として撮影もするJOSTAR

ゴムダリアンの中の人は
イチベエさんで
「ゴム人間はツライ」
と一言

キャノンインパクトの
中の人は太三さん

ゴムゾウの中の人は
監督シネマッツン

レイアとゴムダリアンの
魔法合戦

パワフルなゴム人間との闘いに苦戦する
JOSTARとトランピアンズガール

華やかな「トランピアンズガール」は
「クルーズTV」の3人

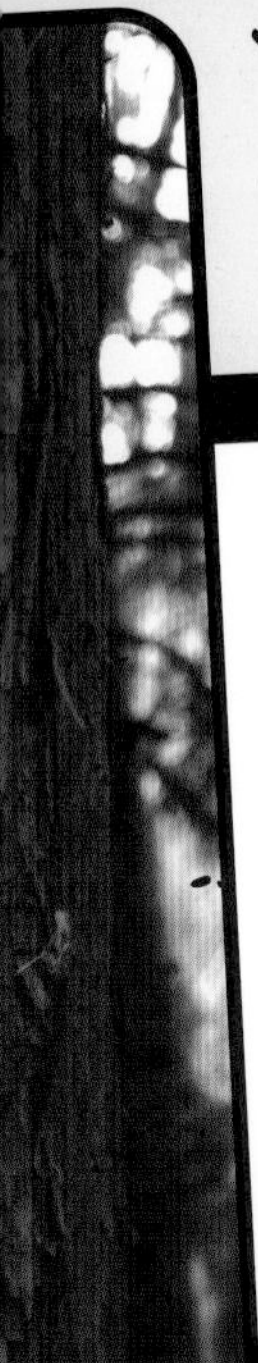

ゴムキチがメタメタにされた!?
なぜか阿部美穂の表情には笑いが起きる？

ゴムバトルの闘いには
結星さんも参戦

もともと役者の侍イチベエだから、
刀さばきも達者

ディープステイトのゴムゾウに改造人間にされたJOSTARは、まるでターミネーター状態!?

聖なる剣をめぐる格闘!?

イチベエ主演のフィルム、「特殊部隊GOMQ」の2ショット

JOSTARと蜜咲ばぅによる

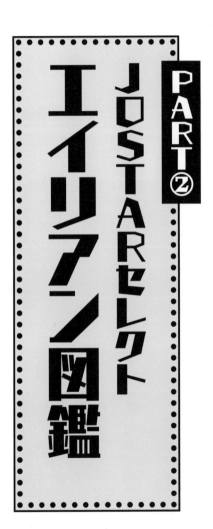

PART② JOSTARセレクト エイリアン図鑑

●怪物もルーツをたどればエイリアン

〝怪物〟って、いったい何なのでしょうか?
「怪しいモノ」と書く「怪物」を別の言葉で表現するなら、「モンスター」とか

「バケモノ」などという言葉になるのかもしれませんが、よくよく考えると怪物のルーツをたどれば、行きつく先は、ほぼ地球外生命体、つまり、エイリアンと呼ばれる存在たちが原形になっているのではないでしょうか。

要するに、言ってみれば、僕たちのような見慣れた地球人としての姿形をしていないものが怪物なのであり、僕たちが人間として持っている能力以上のものを発揮する存在たちのことを怪物と呼ぶのだと思います。

そして、その人間離れした部分に、人間は恐怖感や気味の悪さを抱いたりするのでしょう。

でも、逆の立場から言えば、あるエイリアンからすれば、僕たち人間の方がコワい存在ということだって大いにあり得るのです。

そう、相手側から見たときには、見ようによっては、僕たちの方が怪物なのかもしれません。

また、怪物には〝良い存在〟としてのグッドガイと、〝悪い存在〟としてのバッドガイも存在します。

僕たち人間にとって、子どもの頃からTVや漫画、映画などで見る怪物は、ほぼバッドガイな存在たちであり、正義の味方であるグッドガイによってやっつけられたりしていました。

でも、そのグッドガイだって、ある意味、怪物だったりするのです。

また、そのグッドとバッドという区別も、僕たち人間としての価値観にもとづいていたりします。

つまり、人間としての常識や道徳観からはずれていたり、暴力的や残忍さなど非人道的な部分があったりすれば、それはバッドなわけであり、一方で、協調性があり平和を尊び愛にあふれていたら、グッドなわけです。

それでも、その存在の出身星の価値観から見た場合、僕たち地球人の方がバッドガイな部分もあったりするのかもしれません。

では、この世界には、いや、この宇宙や銀河にはどれだけの怪物たち、いえ、エイリアンたちがいるのでしょうか？

きっと、惑星や宇宙の数だけ、数えきれないほどの存在がいるのだと思われます。

現在、地球で把握されているだけでも１００種類くらいの存在がいるといわれていますが、ここでは、僕がセレクトした、地球にゆかりの深いエイリアンたちをご紹介したいと思います。


僕が選んだグッドガイとバッドガイを取り混ぜた計13種類のエイリアンは、古来の地球からの縁がある存在だったり、今、地球が変容する次元上昇の時期だからこそ関わりの深いエイリアンたちだったりします。

実際に、地球人の9割以上がエイリアンのルーツを持っているといわれています。


13種類のエイリアンの中でピン！とくるエイリアンがあれば、あなたもそのエイリアンと何らかの縁があるのかもしれません。

もしくは、あなたは、すでにそのエイリアンとのハイブリッドなのかもしれませんね。

それぞれのエイリアンについて、特性・本質のチェックポイントをつけてみましたので、この機会にあなたがどの星出身なのか、どの星と縁があるのかなど、エンタメ気分でチェックしてみてください！

地球と関わりの深い エイリアン13種

アークトゥリアン

アークトゥルスは牛飼い座α星であり、人類に癒し・ヒーリングを導くのがミッション。地球のアセンション（次元上昇）を助ける使命もあるために、スピリチュアルの世界ではチャネリングなどにもよく登場する。争いを好まず、鋭い感性を持つが繊細でセンシティブ。アークトゥリアンのスターシード（地球へ転生してきた魂）は、地球では生きづらいことも。

■こんなタイプならアークトゥリアン!?

・ヒーリング業や癒しの仕事についている
・小さい頃から見えない世界を信じている
・ちょっとしたことで傷つきやすい
・ほとんど直感だけで生きている
・うるさい人、騒がしい人が苦手

アガルタン（地底人）

地底人とも呼ばれ、インナーアース（地球の内部）にいる存在で、人類をサポートし導く存在。地下都市のシャンバラにいるといわれている。スピリチュアルの世界でもアガルタ人からのチャネリングメッセージなどが多い。アトランティス時代の生き残りの存在という説もあり。地底人だとしても、地球由来の存在であるかどうかは不明。

■こんなタイプならアルガタン!?

- 組織のリーダータイプに多い
- 小さい頃から頼られる存在
- 高いビルやタワーが苦手で高所恐怖症だったりする
- 夢見がちで理想を追求するドリーマー
- たまに引きこもったりする

アヌンナキ

45 万年前の古代の地球にニビル星からやってきたといわれているエイリアンのアヌンナキ。世界史の中でもシュメールの伝説で「神々の集団」としても扱われている。遺伝子操作やコントロールを得意としているとのことで、今の人類の姿はある意味、アヌンナキの作品でもあることになる。

■こんなタイプならアヌンナキ!?

- 小さい頃から大人のようなところがあり老成している
- 生物や化学が得意でどちらかといえば理系
- 古いものや歴史が大好き
- 流行にとらわれない
- 賢いので他人に対して何かと上から目線になりがち

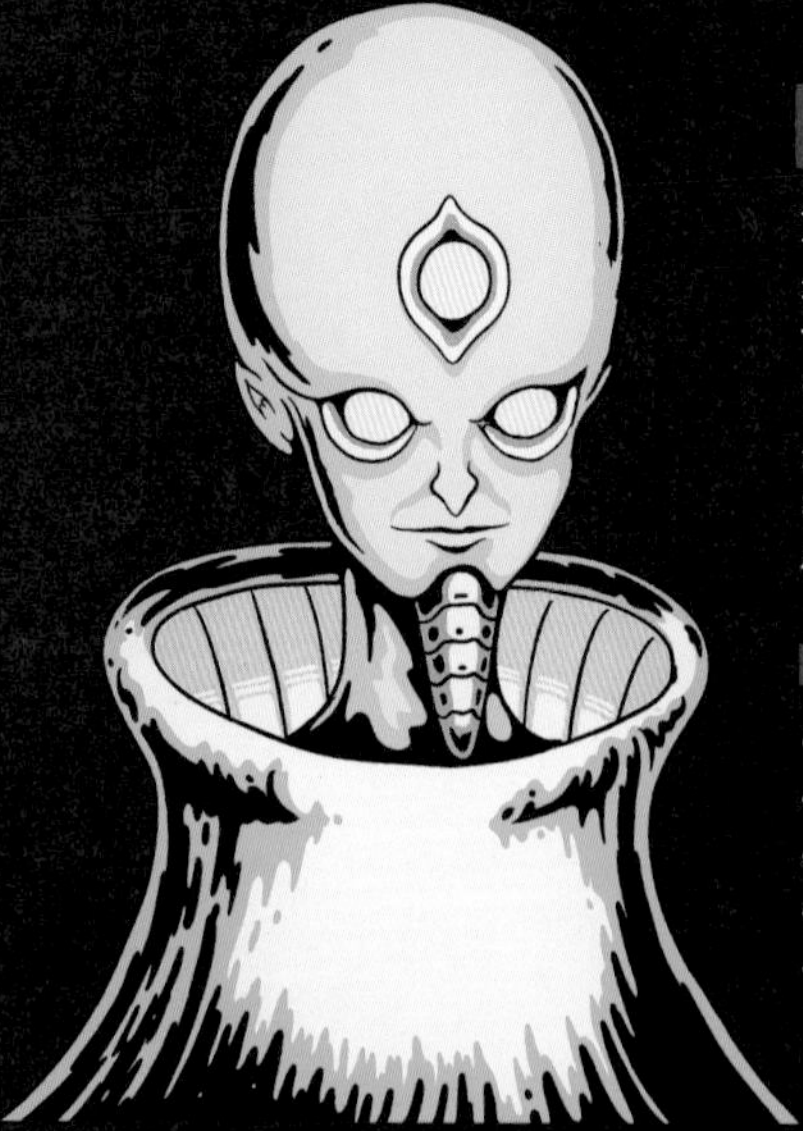

アンドロメダ

アンドロメダ銀河に生息するアンドロメダ星人は、高い精神性を持った光の存在であり、地球を導きサポートする存在。また、アンドロメダに魂の由来を持つスターシードも地球上に多い。彼らは自由を求め、旅行好きな人が多く、コミュニケーション能力が高いといわれている。

■こんなタイプならアンドロメダ⁉

・リーダーを裏から支える参謀型タイプ
・1つの場所に落ち着かず常に変化を求める
・束縛されるのが苦手で自由を大切にする
・美形に多く、社交的でおしゃべり
・SNSを駆使している

グレイ

宇宙人やエイリアンと言うと、ほとんどの人が想像するのがこのグレイ星人。いわゆる人類を拉致してきた悪いタイプのエイリアン。もともとは、オリオンを起源としながらも人類と交配されてハイブリッドとなり、今はもっぱらレプティリアンのために働いているという噂。マインド・コントロールを得意とするらしいけれど、人間を拉致する際にその技を使っていると思われる。

■こんなタイプならグレイ⁉

・目がぱっちりとして瞳が大きい
・どちらかというと小柄なタイプ
・サイキック能力があり、読心術がある
・"長いものに巻かれる"タイプで子分になりやすい
・肉体派というより頭脳派

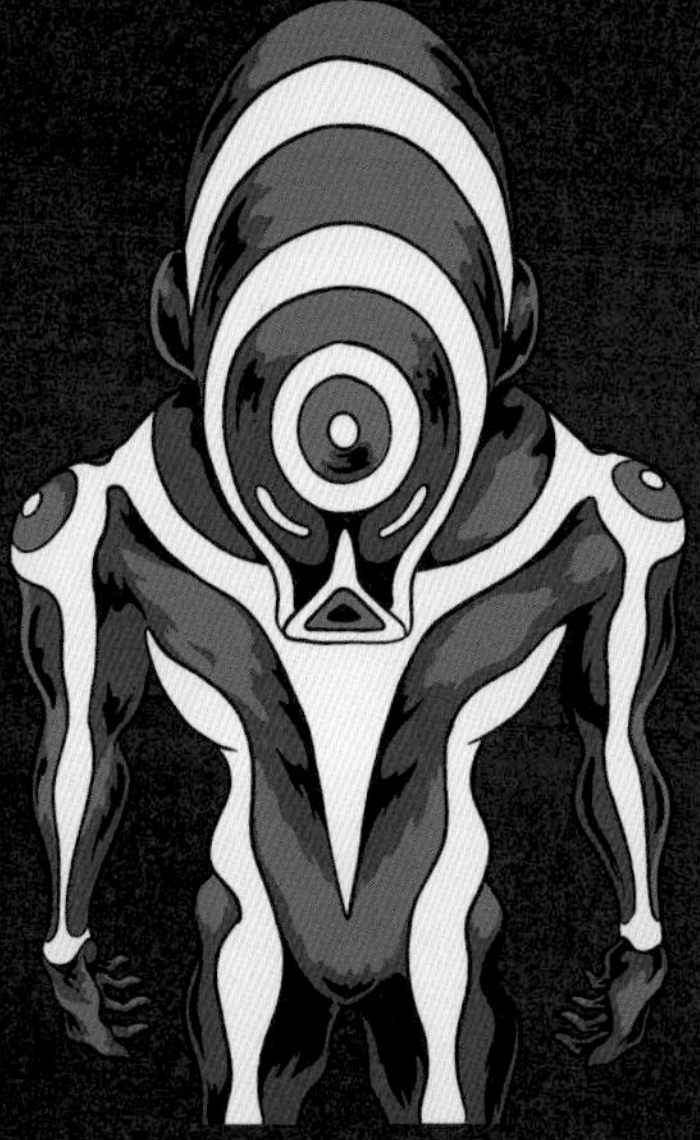

シリウス

近年、スピリチュアルの世界ではシリウスからのメッセージなど、シリウス関連の情報があふれている。シリウス人は、人類を導くガイド役やヒーリングをするミッションがある。また、テクノロジー関連にも強い。時代が変わる今だからこそ、シリウス関連の情報が増えていると思われる。見た目はごつくて怖いけれど、ヒーラーとしての能力に長けている。

■こんなタイプならシリウス!?

- ヒーラーなどスピリチュアル関連の仕事に就いている
- メカに強く、IT系やエンジニアなどに多い
- 古代のエジプトやピラミッドに興味がある
- イルカやクジラが好き
- セドナが好き。また、ネイティブアメリカンに親近感を感じる

ディノノイド

ほとんど知られていないけれど、オリオンを起源とする、いわゆる"バッドガイ"としてのエイリアン。テクノロジーを武器にコントロールと征服することをミッションに生き、決して平和を受け入れない。AIやマイクロチップなど人類を征服するテクノロジーは、彼らからもたらされているのかもしれない。

■こんなタイプならディノノイド!?

- IT、コンピュータ関連に強くインテリタイプ
- 何事にも自分は自分、というマイウェイを貫く
- 人の話をあまり聞いていない
- 決して人には言えないが、人の不幸は蜜の味だったりする
- 肩書やポジションを大事にし、実際に出世街道を歩む

106

ドラコニアン

いわゆる爬虫類系の種族で遺伝子操作のエキスパートであり、テクノロジーに強い。ドラコニアンにとっての神はテクノロジーであり、AIでもある。王族・皇族系に多いといわれている。爬虫類系ということで悪の存在だと思われがちだが、善の存在としてのドラコニアンも多い。悪い存在のドラコニアンは、すでにほぼ地球から脱出しているといわれている。

■こんなタイプならドラコニアン!?

・家系が良く、お金持ちの家に生まれることが多い
・子どもの頃から勉強をしなくても、そこそこ頭が良い
・無宗教で無神論者だったりする
・苦労せずに会社や組織の2代目の座に就いたりする
・グルメでブランド好きで高級志向。庶民の気持ちがわからない

ビーナシアン

ビーナス星人、いわゆる金星人のこと。金星・琴座を起源として、5次元から8次元にいる存在。一般的な概念としても、ビーナスは"美の女神"と呼ばれているように、ビーナシアンは美しい人の代名詞のようになっている。ミッションは人類のサポートとスピリチュアリティの啓蒙。

■こんなタイプならビーナシアン!?

・すらりとした美男美女に多い
・ヘルシー志向でアンチエイジングに興味がある
・ロングヘアに多く、ヘアケアを怠らない
・ジュエリーなど宝石類が好き
・学ぶことが好きで、大人になっても習い事を欠かさない

ブルー・エイビアン

青い鳥のヒューマノイドっぽい存在で、人類を導くガイド的存在であり地球を監視しているアライアンス側の存在でもある。アメリカで秘密裏に行われていた「秘密宇宙プログラム（SSP)」に子どもの頃から参加していたコーリー・グッドが実際に会ったといわれている。

■こんなタイプならブルー・エイビアン!?

- 同族意識がどこかにあるからか、鶏肉は食べたくない
- 気がつけば、クローゼットに青色の洋服が多い
- テレパシー能力があり精神性が高く、正義感も強い
- スピリチュアルリーダーに多い
- エコロジーや地球環境問題に興味がある

プレアディアン

人類を導くガイドとして、また、ヒーリングに長けた存在。スピリチュアルの世界において、チャネリングなどにも常に出てくる知られた存在でもあり、愛と光、美、芸術を司る存在でもある。人間と姿形が似ていて、美形が多い。

■こんなタイプならプレアディアン!?

- 審美眼が高く、自分のこともわりと美形だと思っている
- 音楽や美術、芸術などクリエイティブな仕事に就いている
- ヒーリングや癒しの才能がある
- お金には苦労することが多い
- 会社勤めなど組織で生きるのが苦手

ベガ

ベガと言えば琴座α星のことであり、七夕の織姫と彦星の織姫星としても知られている星。地球人の中でもオリエンタル（東洋人）なルックスのベガ星人は、まさに日本人にも多くいそうな雰囲気とたたずまい。人類を導くガイドとサポートをミッションとしている。

■こんなタイプならベガ!?

- 切れ長の目が特徴
- アジアンなカルチャーや食事が好き
- 内に秘めたパワーがあり、自分の意見ははっきり言う
- 古い伝統やルールを大切にする
- 競争相手がいると燃えるタイプ

レプティリアン

爬虫類系エイリアンと言えばレプティリアンのこと。アルファ・ドラコニアンの種族の中でも悪者として有名。戦闘的かつ破壊がミッションゆえに、ユニバース全体で怖がられている存在。地球にも古来からやってきており、マインド・コントロールやテクノロジーで人類を支配してきた。シェイプシフト能力も持つ。いわゆる闇の存在と言われる人たちに多い。

■こんなタイプならレプティリアン!?

- 世界的な大企業経営者の子息などとして生まれることが多い
- 悪意はなくても人を支配する立場にいる
- 数字に強く理系で、文系が苦手
- 人の気持ちがわからずサイコパスぎみ
- 熱いものが苦手な猫舌で舌が長め

109

Chapter3
『東京怪物大作戦』とエイリアン

Chapter 4

JOSTARとYouTuberの仲間たちが大集合！

～ Members From「スピリット祭り」～

囁《ささや》き女官《にょかん》の館《やかた》
あくあ

File 1

歴史を自分なりに紐解いていくことは、大人の贅沢で高尚な遊び

YouTube 囁き女官の館

・フランス視察ツアークラウドファンディング
https://camp-fire.jp/projects/view/222872

女性目線で〝心〟に焦点を当てて歴史を見る

JOSTAR　YouTuberにはさまざまなジャンルの方たちがいますが、あくあさんはユニークでニッチな世界を扱っていますよね。あくあさんのようなチャンネルは、他にはあまりないのではと思いますが、いかがですか？

あくあ　そうですね。でも実は、「歴史」というジャンルでくくった場合、歴史解説をするYouTuberたちは結構多いんですよ。ただし、歴史系のアカウントを運営する人は男性が多いのと、それゆえに、割と学術的な内容というか、たとえば、受験に向いているような解説をする方が多いんです。反対に、もっとギャグ路線に振り切ったようなチャンネルも多いですね。そこで私としては、あくまで女性視点で歴史を検証していきたいなと思って。歴史って人間がつくってきたものだから、〝人の心〟が歴史のベースにあるんです。実際に、歴史上にはほんのくだらないことがきっかけで法律ができたりとか、大きな事件につながったりするようなことも多いんです。でも、学校の教科書にはそういうことって、一切省かれているじゃないですか。でも本当は、小さな恋愛事件や人間関係のトラブルがきっかけになって、それが歴史上に名を遺す大事件に発展していたりするところが面白いな、と思っているんです。

JOSTAR

なるほど。第一次世界大戦のきっかけもそうでしたね。オーストリアの皇太子夫妻が暗殺される事件がきっかけになり（サラエボ事件）、そこから、世界中を巻き込んで世界大戦になっていったわけですからね。そのあたりが面白いということですね。

あくあ　そうそう。そういうことです。しかも、オーストリアの皇太子夫妻がそのサラエボを訪問したのも、「表向きの理由」とは別に「裏の理由*」もあります。それは、皇太子夫妻をとりまく日常の中での人間関係だったり、彼らの個人的な感情だったりが絡んでいるのですが、そういう人間臭くて面白いところは、教科書では一切カットですね(笑)。

JOSTAR　なるほど。ところで、歴史上の人物で、一番好きな人は誰ですか？

*「裏の理由」について
エリザベートの孫娘「赤い皇女」シリーズの『第5話「赤い皇女5」サラエボ事件！一触即発の火薬庫に火種が落ちた?!　夫婦戦争と第一次世界大戦、始まるのはどちらが先か?!』にてご紹介しています（YouTubeチャンネル「囁き女官の館」にて）。

悲劇の王妃 マリー・アントワネットが好き

あくあ　やっぱり私は、マリー・アントワネットが好きですね。

JOSTAR　マリー・アントワネットというと、一般的には「パンがないならケーキをお食べ！」というセリフが有名ですが、あれは、実際にマリー・アントワネットが言った言葉なのですか？

あくあ　実はあの言葉は、本当ではないんです。確かに、ご存じのようにマリー・アントワネットは豪勢な生活をしていましたよね。でも、当時の王族ってそんな暮らしがスタンダードなわけです。美しい身なりをしたり、豪華な生活をすることが、むしろ義務だったというか。だから、彼女は身分の高い王妃として、ただあるべき生活をしていただけだったのです。それがあのような言葉につながって、ちょっと誤解されてしまっているな、という感じでしょうか。

JOSTAR　なるほど。かつての日本が「士農工商」ではないですが、身分がはっきりと分かれていた世界なので、身分の高い人は、逆に平民の暮らしぶりがわからないというわけですね。

あくあ　そうなんです。だから、革命が起きた時に彼女が遺した言葉に、「私が民衆に一体何をしたっていうの？」っていうセリフがあるんですけれど、多分、彼女は本当にそう思っていたんだと思います。

JOSTAR　その言葉こそ、まさにマリー・アントワネットの心の声ですよね。

あくあ

はい。今の時代の私たちからすると、過去に起きた歴史上の出来事は、当然ですが本当に裏で起きていた真実などは、100パーセント確実なものは知ることはできないですよね。でも、できるだけ、当時の状況を調べたりすることで、歴史上の人物たちの本当の姿を代弁できるといいなと思っているんです。何しろ、過去と今では価値観なども全然違いますから。そういったことも含めて、視聴者にはなるべくわかりやすく伝えられたらいいなと思っています。たとえば、今でも多くの人が、マリー・アントワネット自身が贅沢《ぜいたく》な生活をしていることに早く気づいて、そんな生活を戒めていれば、フランス革命は起きなかったのに、という認識の人も多いんです。私からすれば、ちょっとそれは違うのかなと思うので。

JOSTAR

確かにそうですね。だからこそ、動画で歴史上の本当の真実を伝えていければ、ということなんですね。ところで、動画作成のためには、どのようなリサーチを行っていますか？

あくあ　とにかく、本をたくさん読むようにしています。それも多面的に、いろいろな角度から本を読むようにしています。

JOSTAR　著者の説にも、それぞれ違いがあったりしますからね。

あくあ　そう、全部違うんです。そうすると、また新しい視点で歴史を見て、新しい仮説を立てられたりしますからね。

お姫様の視点で歴史を読み解く

JOSTAR　ちなみに、もともと学生時代から歴史は好きだったのですか？

あくあ　歴史全般というより、ピンポイントで特定の時代が好きでしたね。世界史にしても日本史にしても、お姫様が出てくる歴史だけが好きでしたね。それ以外はまったく興味がなかったかも……。

JOSTAR　じゃあ日本史でも、お姫様が出てくると、結構、詳しいんですか？

あくあ　はい。淀君とか、その辺りは詳しいです。

JOSTAR　要するに、お姫様好き、というわけなんですね。

あくあ　そうです（笑）。でも、マリー・アントワネットにしても、淀君にしてもそうなんですが、お姫様たちの周辺には、必ず重要人物がいますよね。王子とか将軍とか。だから、日本史にしても、豊臣秀吉とか家康とか、織田信長など、彼らに関する事件を覚えるのも、全部、淀君からの視点で覚えてました。

JOSTAR　なるほど。そんな勉強の仕方も、受験生などには歴史に興味を持つぃい方法ですね。

あくあ　そう。そんな視点があると、年号なども覚えやすいんですよ。あの人が何歳だったから、そこから逆算して、その頃に事件が起きた、みたいな感じで覚えたりとか。

JOSTAR　それはいい方法ですね。今後、動画を作るにあたって、絶対この人を調べてみたい、とかあります？

あくあ　今のマイブームはイギリスですね。

JOSTAR　今は、国でブームがきているという感じ?

あくあ　今は、ヨーロッパは流れがすべてつながっているんですよね。そういう意味で今、イギリスがきています。本当は、YouTube の再生数だけを考えると、「この人物をこういうふうにやるのがバズる」などというやり方もあるのですが、そのあたりは一旦置いておいて、やはり、自分の興味の対象において、「難しいことをいかにわかりやすく紐解き、やさしく解説するか」ということが得意でもあり、私の課題でもあるんです。なので、今はイギリスを中心にヨーロッパの国々のつながりのようなものを調べて解説していきたいと思っています。動画に書いていただくコメントなどでも、「親子で見ています」「娘と楽しく拝見しています」などとおっしゃっていただくファンの方もいらっしゃるので、やはり、楽しめるものを追求したいですね。あと、受験が終わった方にも、引き続き見ていただければとも思っています。

受験が終わっても見続けてくれるファン

JOSTAR　日本の受験って、とりあえず暗記ですからね。

あくあ　そう。だから、「受験は終わったけれど見ています」とか「第二次世界大戦の流れが、ぼんやりしていたのが、明確になりました！」などというコメントをいただけるのが、とてもうれしくて！

JOSTAR　ファンの方は、やはり男性の方が多いんですか？

あくあ　実は8~9割は女性の方なんですよ。

JOSTAR　へ~。それは面白いですね。あと、歴史関係のチャンネルだと、コメント欄も充実してそうですね。

あくあ　大勢の方が一気に盛り上がることはそんなにないのですが、1000文字以上もの長文コメントを書いてくださったりする方々が結構、いらしたりします。ファンの方は、私以上に歴史に詳しい方も多いんです。論文みたいなコメントもいただくので、逆に私も勉強させていただいているような感じですね。

JOSTAR　ちなみに、サブチャンネルもお持ちですよね?

あくあ　はい。サブチャンネルは、「囁き女官の森」というチャンネルですね。こちらのチャンネルでは、歴史とは直接関係ない、日常的なこととか、新しい挑戦などをアップしていますね。

JOSTAR　そもそも、「囁き女官」というのはどんな意味でつけているのですか？

あくあ　囁き女官は、ひっそりこそこそ囁く、というような意味ではなくて、一応、設定としては、昔の宮廷で、噂話ばかりをしている女官、というイメージなんです。

JOSTAR　なるほど。まさに女官らしいですね。ところで、読者に向けて、知られざる歴史上の事実というか、普通の人は知らないけれど、ちょっと面白い、ためになる知識みたいなものを1つ教えていただけますか？

ギロチンが最近まで使用されていたという事実

あくあ　実は、ギロチンが最後に使われたのはいつだかわかりますか？　答えを知ると衝撃を受けますよ。

JOSTAR　え？　それは、いつなんですか？

あくあ　なんと、1977年なんです。つまり、割と最近まで使用されていたということですね。1977年というと、アメリカで映画の『スターウォーズ』が公開された近代的な時代ですよ。そんな年にまだギロチンが使われていたなんて、驚きですよね！

JOSTAR　それは、一般に公開する形で使われたんでしょうかね。映画とか見ていると、処刑される時にはぞろぞろと村人たちとかが見物に来て、ガチャン！って感じじゃないですか。

あくあ　そのあたりの様子まではわかりませんが、実は、ギロチンが使用されていた時代や、それ以前の時代の処刑は、一種のエンターテイメントの場だったんですよね。何しろ、今とはまったく価値観や感覚が違いますからね。なんというか、今より命の価値が軽かったような感じがします。たとえば、昔と今では死体を見たときの恐怖感とかも、ちょっと感覚が違うんです。本を読んでびっくりしたのが、フランス革命のときに、子どもたちが人の生首をキャッチボールみたいにして遊んでいたなどの記述もあって……。今の感覚だとあり得ないですよね。

JOSTAR　確かに、ちょっと考えられないですね。1977年に行われたギロチンでの処刑は、どこの国なのですか？

あくあ　フランスです。ただ、それを最後に、フランスは死刑自体がもう廃止になりました。でも、ギロチンという手段は、当時では人道的な処刑だった、ということらしいんですよね。

JOSTAR　確かに、ギロチンだと死ぬときは一瞬ではありますね。

あくあ　そうなんです。あと、ギロチンという処刑の方法をつくったのが、それこそ、マリー・アントワネットの夫のルイ16世なんですよ。自分で開発*して、自分で首を切られてしまったっていう……。

JOSTAR　自分で自分の首を絞めたというわけですね。

あくあ　そうなんです。皮肉な結果になったわけですね。

＊ギロチンの開発者はギヨタン博士だが、ギロチンの刃を斜めにすることを考案したのは、ルイ16世とされる。

科学技術の発達により、歴史が塗り替えられている

JOSTAR　いや〜、歴史って面白いですね。

あくあ　そうなんです。特に最近になってDNA鑑定や科学の技術が発達してきたこ

とで、明らかになってくる情報も多いんですね。これまで、伝説だと呼ばれてきたものが、伝説ではなくなっていくのを発見していくのも楽しいですし、それが〝大人の遊び〟なんじゃないかなって思うんです。

JOSTAR　遊びって、飲み歩いたりすることだけが遊びではないですからね。

あくあ　そうなんです。何か興味の対象を深掘りしたり、研究したりすることって最高で最強の大人の遊びだと思いませんか？　でも、発掘調査などをはじめ、歴史のリサーチをするには半端ではないお金がかかったりするものなんです。でも今では、昔では考えられなかったような資金調達の方法もはじまりましたよね。私自身も今、自分の研究テーマでもある悲劇の王子、ルイ17世の謎について、視察旅行を実施するクラウドファンディングを行っているところです。「風の時代」になったことで、これまでだと絶対無理だろうと思われていたことも、これからは、実現できる可能性が高くなったんじゃないかなと思います。

JOSTAR　大人のロマンの追求ですね。では、最後に今後の展望をお聞かせください！

あくあ　今後の展望は、1つ目は、やはり、難しい内容をできるだけわかりやすく伝えて、視聴者の皆さんに、歴史をより身近に感じていただくということですね。YouTubeなら世界史を声と文章と画像や動画で伝えていけるので、リアル感を以て歴史を体系的に理解してもらいやすいのです。もちろん、説明の仕方次第というのもあるので、それが今後の私の課題ですね。もう1つは、もう少し私自身もパワーを付けて、歴史の謎に対する挑戦をしていきたいです。たとえば、未知の謎に対して仲間たちとグループで取り組んでいくのもいいと思っています。たくさんの人とつながりながら、新しい時代の新しい遊び方を提案していきたいです。もっとワクワクするロマンにあふれた大人たちを増やしたいですからね。

JOSTAR　大人の高尚な遊びをたくさんの人に広めていってください！　今日はありが

とうございました。

あくあ

こちらこそ、ありがとうございました。

Chapter4
JOSTARとYouTuberの仲間たちが大集合！
～ Members From「スピリット祭り」～

飴《あめ》細工アーティスト 蜜咲ばぅ

File 2

日本の伝統文化の飴細工で、心温まる時間を届けたい！

YouTube 蜜咲ばぅ【飴細工アーティスト】

・HP http://www.baucandy.jp/

美しい日本文化を伝えたい

JOSTAR　まずは、読者の方へ自己紹介からお願いできますか?

蜜咲ばぅ　飴細工アーティストの蜜咲ばぅと申します。江戸時代から続く「飴細工」に一目惚れして、現在、飴細工をやっている人が少ない危機感から、8年前にこの世界に飛び込みました。各地のお祭りやイベントなどで、お客様のリクエストにこたえて、飴細工の実演パフォーマンスをしています。学校や海外でのイベントに呼んでいただくこともあります。昨年は、TVの情報番組で特集を組んでいただきました。

JOSTAR 飴細工アーティストというと、特殊技能を持っている人というか、職業としてもとても珍しいですよね。イベントとかで飴細工を披露するとのことですが、どんなイベントなんですか？

蜜咲ばぅ 昨年からはコロナ禍のために状況も変わってイベントも減りましたが、基本的には企業さんが主催するイベントのブースでパフォーマンスをすることが多いですね。

JOSTAR なるほど。そうすると、普通のいわゆる〝お祭り〟というか、村の鎮守のお祭りみたいなところにはいらっしゃらないのですね。

蜜咲ばぅ そうですね。でも、商店街のお祭りみたいなイベントにはお声をかけていただくこともありますよ。

JOSTAR なるほど。ちなみに、最初に作った作品は何ですか？

蜜咲ばぅ　うさぎです。

JOSTAR　うさぎなんですね。作るものはどんなモノが多いのですか？

3分で生み出す甘い魔法

蜜咲ばぅ　基本的には動物が多いですね。干支《えと》とかも動物ですし、ペットなども多いです。あと、幻の生き物とか、水族館にいる生物なんかもありますね。要は、リクエストされたものを作るのでお客様次第、というのもあるんです。こちらから、「何がいいですか？」とお聞きして、お望みのものを2〜3分で作る、という感じですね。

JOSTAR なるほどね。じゃあ、リクエストによっては、「困った！ 難しくて作れない！」みたいなものもあったりしますか？

蜜咲ばぅ そうですね。即興で作るものがほとんどですが、たとえば、スカイツリーや実物大の人間など、時間と物理的に難しいリクエストをいただいたときはお断りしました。でも、いろいろとリクエストいただけることは面白いです。生き物でしたら、できるだけ対応はしています。

JOSTAR ちなみに、実際に飴は食べられるんですよね？

蜜咲ばぅ もちろんです！ 皆さん召し上がっていらっしゃいますよ。

JOSTAR　飴の材料って何なのですか？　水飴？

蜜咲ばぅ　水飴ですね。自分で水飴と砂糖を煮詰めて作りますね。色は食紅などを混ぜて作っています。

JOSTAR　YouTubeでは、飴細工を作っているところをアップしたりしていないのですか？

蜜咲ばぅ　初期の頃はそんな動画も上げていたのですが、最近はあまりアップしていないんです。

JOSTAR　日本文化系の動画だと、海外からのアクセスが期待できますよね。

蜜咲ばぅ　そうなんです。コロナの前までは海外へも頻繁に行っていたんですけれどね。着物を着てのパフォーマンスになるので海外の人はとても喜んでくれますね。

JOSTAR 飴細工のお仕事で海外はどちらへ行かれたことがあるのですか？

蜜咲ばぅ ドイツ、スペインへ2回、オーストラリアにアメリカのラスベガスですね。

JOSTAR 結構珍しい国というか、普通の旅行では行かないような所にも行かれていますね。一芸があるといいですね！ それに本来なら、昨年は東京オリンピック関連のイベントで海外の方にパフォーマンスを披露する機会も多かったはずですよね。

蜜咲ばぅ そうなんです！ 日本の文化の良さを伝えたかったですね。昨年は結構、イベントのお仕事が中止になったものもあって残念でしたね。

JOSTAR でも、今度は2025年に大阪万博があるじゃないですか。そういう意味では、またインバウンドの外国人の方へのアピールもできますね。

蜜咲ばぅ　そうですね。いろいろな機会を経験したいですね。

JOSTAR　作品展というか個展みたいなのはされないんですか。

蜜咲ばぅ　まだ、やったことないんです。いつかやってみたいんですけれどね。

JOSTAR　さっき、飴細工アーティストとして8年間のキャリアがあるとおっしゃっていましたが、いわゆるフルタイムでのお仕事ですか？　たとえば、二足のわらじでOLをされていたり、みたいなことはあるのですか？

蜜咲ばぅ　お仕事は、飴細工しかやったことないですね。

JOSTAR　それは、すごいですね！

蜜咲ばぅ　だから、最初はすごい貧乏でしたよ。でも、ブレたくなかったので覚悟を決めて飴細工1本だけでやってきました。他の仕事をすると気持ちが分散するというか……。器用じゃないので、他の仕事との両立ができないと思ったんですね。

JOSTAR　僕から見ていても、ばぅさんは努力家ですよね。忙しいスケジュールの中、飴細工の仕込みはいつやっているのかなとか思ってしまいますから。

蜜咲ばぅ　仕込みは慣れているので全然苦ではないですね。

JOSTAR　では次に、YouTubeのことも聞いておきたいのですが、今は動画を上げる頻度みたいなのはどれくらいですか？

蜜咲ばぅ　頻度は不定期ですが、最近は視聴者さんと交流ができるライブ配信が中心です。海外の方にも飴細工を見てもらえるように、今後は、飴細工のみの動画も、と考えています。

JOSTAR　ファンの方なんかも多いんじゃないですか？

蜜咲ばぅ　はい。応援してくださる方たちはいますね。

「日本が大好き！」という声を上げていく

JOSTAR　今後の方向性というか、展望みたいなものはありますか？

蜜咲ばぅ　とにかく、この仕事が好きなので、現場を大事にしながらも、YouTubeを見てくださる方が少しずつ増えてきているので、配信の方もさらに充実させていきたいですね。いつか、私の夢である飴細工で作るアニメーションなどにも挑戦したいですね。あと、何よりも、私の根底にあるのが「日本が大好き」ということなんです。だから、飴細工を作ったり、着物を着ることで日本の伝統を継承しながら、たくさんの人に伝えていきたいな、と思っていますね。

JOSTAR　いいですね。日本人の若い人って、意外と「日本が好き」とかあえて言わないですからね。特に、「日本が好き」、と言うと急に「保守」みたいに言われてしまったり、「右」とか「左」という話にもなってしまうから……。でも、その日本大好きなマインドって、小さい頃からなんですか？　それとも、何かきっかけがあったのですか？

蜜咲ばぅ　小さい頃からですね。やはり、自分のアイデンティティーが日本人ですし、古くからの伝統や歴史が続いているものにときめきを感じるタイプの人間だったんです。だから飴細工も「これを守らなければ！」という意識でやっています。着物を着るようにしているのも、そういう気持ちからですね。

JOSTAR　ぜひ、飴細工で日本を世界にアピールしていってください！　ありがとうございました！

蜜咲ばぅ　ありがとうございました！

絵本旅作家
まむろ朋

File3

夢は、
世界中を旅しながら
子どもたちに
自分の絵本を配ること

YouTube まむろ朋の絵本旅

1冊の絵本との出会いで人生が変わる

ＪＯＳＴＡＲ　まむろ朋さんと僕との出会いは、以前、僕が月に1回主催していた代々木公園でのピクニックに来ていただいたのがきっかけでしたね。

まむろ朋　はい、もともとＪＯＳＴＡＲさんのYouTubeチャンネルの視聴者だったのがきっかけでピクニックへ参加したら、１００人くらいの大人数の方が来ていて、皆さんで盛り上がって楽しかったので、そこから参加するようになりました。

ＪＯＳＴＡＲ　ありがとうございます。では、まずは、自己紹介からお願いいたします。

まむろ朋　はい。絵本作家のまむろ朋と申します。今は「まむろ朋の絵本旅」というチャンネルを運営していますが、アカウントを立ち上げた当初は夢診断をやっていたんです。でも、本来の夢である「世界中を旅しながら子どもたちに自分の絵本を配る」というテーマに変更した内容の配信に変えたところです。

JOSTAR　なるほど。YouTubeデビューは、わりとまだ最近なんですよね？

まむろ朋　そうなんです。去年の10月に突然、直感が降りてきて、急にYouTubeやろうって思ったんですね。それでは何をやろうかな、と思った時に、大好きな夢診断がいいかなと思って昨年の12月末からはじめました。

JOSTAR　でも、これからのテーマは「絵本旅」なんですよね？ その絵本旅について教えていただけますか？

まむろ朋

きっかけは、中学生の時に、母親が世界中の絵本が展示されている展示会に連れて行ってくれたことです。その展示会にあった、ある1冊の絵本の前で、時が止まるような感覚を生まれて初めて覚えたのです。その作品名は覚えていませんが、ある絵本の一場面が、1畳ほどの大きなキャンバスに描かれていました。それは、1匹のうさぎと1人の西洋風な可愛いお姫様が、キラキラ輝く満月に向かって飛んでいく様子を幻想的に表現したものでした。その絵を見ながら、こんなにすばらしい絵本があるのなら、もっとたくさんの子どもたちにも読んでもらいたい、と思ったんです。世の中には、絵本が読みたくても手にできない子がたくさんいます。たとえば、紛争中の国の子どもたちは、不安定な情勢の中で絵本なども手に入らなかったりします。また、中には人知れずさびしい思いをしている子どもたちもいるでしょう。そんな子たちに、自分で絵本を描いてプレゼントできるようになりたい、と思ったのです。以降、絵本旅をすることが私の人生の夢になり、かつ目標になったのです。

戦争時代の過去生が今生での目標につながる

JOSTAR そうなんですね。ちなみに、これまで実際に作られた絵本などはあるのですか?

まむろ朋 はい、あります。今はまだ、電子書籍でしか出せていませんが、『うちゅうからのラブレター』という絵本です。一応、絵も文章も私の方ですべて作ったものです。

JOSTAR すでに電子では出ているんですね。紙の絵本もいつか欲しいですね。

まむろ朋

はい、そうなんです。少し話が飛びますが、実は、私が通っている鍼灸《しんきゅう》院の先生がとても不思議な能力がある方なんですね。その先生は、患者さんの体と対話しながらリーディングができる方なんです。たとえば、患者さんの身体に触れるだけで、「3日前にトマト食べたでしょ」とかわかる方だったりして。実際には、鍼《はり》はその先生にとってはただのツールであり、診ただけでヒーリングができるような方です。そして、その先生が私を診てくださった時に、「朋ちゃんは戦争の過去生がいっぱいあるね」と言われたんです。実際に私は、子どものころから、ヘリコプターや飛行機が飛ぶ音が聞こえるだけでとても怖かったんですね。戦時中に生きていた時代の記憶がよみがえるというか……。だから、その時に私の夢である絵本旅のことをお話ししたんです。すると先生が、「朋ちゃん、その夢は朋ちゃんが過去生からずっとやりたいことなんだ。でも、その時代は戦争が原因で果たせなかったの。だから、今生では絶対に果たすぞ！って生まれてきたんだよ」って言われてとても納得したんです。そこから、さらに「絶対に世界中の子どもたちに、絵本を一人ひとりに、手渡しするんだ」っていう気持ちが強くなりました。

JOSTAR そうだったんですね。過去生で戦争を何度も体験してきたので、他の人たちよりも、平和を願う気持ちがさらに強いんでしょうね。

まむろ朋 そうだと思います。あと、やはり戦争や争いを引き起こす世界の頂点にいる闇の権力的な存在には、〝闘い〟で臨むのではなく、私らしく絵本という手段で子どもたちに幸せを届けてあげたいって思うんです。

JOSTAR 朋さんは、実は結構、陰謀論にもお詳しいんですよね。

まむろ朋 そうかもしれませんね。実は、2011年の3・11の頃なのですが、企業の社長さんと会う機会が多かったんですね。そうすると、そんな社長さんたちとの飲みの席などで、皆さんが同じ話をするのに気づいたんですね。政治家の裏の世界の話や人工地震の話など……。そこから私自身も興味を持ちはじめて、関連する書籍などを読んで調べるようになった、というのはありますね。そして私なりに平和へ行きつく道を考えるようになったんです。

JOSTAR　そうなんですね。ところで、絵本はやはり、現地に「送る」というのではなく、「手渡し」が基本になるのですね。

一人ひとりに絵本を手渡ししたい理由

まむろ朋　はい、そこにはこだわりたいですね。というのも、小学生のある日、私は実家が山形なのですが、外で友達と遊んでいたら、焼き芋屋さんの車が通りがかったんですね。焼き芋屋さんのおじさんは、私たちに気づくと車を停めて、一人ひとりに無料で焼き芋を配ってくれたんです。あの焼き芋屋さんのおじさんの優しさに、子どもながら、すごく感動したのを覚えているんです。そのおじさんとの出会いは1回限りでしたが、あの時のやさしさは忘れられません。だから、一期一会の焼き芋屋さんのおじさんとの出会いのように、私も心をこめて「手渡し」をしていきたいですね。

JOSTAR 今、僕たちは買い物といえば、インターネットでワンクリックで買うことがほとんどですけれどね。アナログにこだわるわけですね。

まむろ朋 そうですね。きちんと手から手へ、そして、きちんと相手の目を見て、小さいお子さんたちに絵本を配ってあげたいんです。

JOSTAR ちなみに、海外へはここに行きたい、というようなことは決めていらっしゃるんですか?

まむろ朋　知り合いが上海にいるので、手始めに上海、そしてハワイを考えていますね。

JOSTAR　持っていく絵本は日本語の本なのですか？　それとも、現地の言葉の絵本なのですか？

まむろ朋　持ってく絵本には、すべてにナンバリングをしていく予定なんですね。やはりはじめは、日本語の絵本を日本国内から配ることを考えています。でも、いずれ英語の絵本も作成していきたいですね。他の言語の絵本になると、言葉の部分は誰かに翻訳を頼むかとは思います。

JOSTAR　ナンバリングをすると、さらに手作り感がありますね。

まむろ朋　はい。絵本を渡した子が大きくなって、もしかして、旅を続けている私にまた出会うことがあるかもしれません。その時に、「私、ナンバー2の絵本を持っています」とか言われたりしたらうれしいですよね。そんなことを考えると、とてもわくわくしてくるので、ナンバリングはやりたいですね。

JOSTAR なるほど、夢は広がりますね。ぜひ、その夢を叶えていってください！

まむろ朋 はい、ありがとうございました！

シネマッツン

File4

コロナ禍で すべてを失った からこそ はじまった創作活動

YouTube
シネマッツンチャンネル
ー MY LIFE IS ENTERTAINMENT!

1年間で33本の映画を制作する目標を掲げる

JOSTAR

『東京怪獣大作戦』のシリーズでは監督も務めてくれているシネマッツンですが、ここで改めて、自己紹介からお願いいたします。

シネマッツン

はい。YouTubeでは映画を中心としたチャンネルをやっていまして、映画の「シネマ」と自分の名前の「マッツン」を足して、「シネマッツンチャンネル」と名付けたチャンネルを持っています。このチャンネルでは今、1年間で33本の映画を作ろうというプロジェクトをやっています。

JOSTAR　その企画を考えたきっかけを教えていただけますか？

シネマッツン　きっかけというのが、昨年にコロナ禍になったことで、仕事を含むすべてを失ったんです。周りの人たちもみんな、似たような状況になっていたので、そんな状況の中で何かを自分なりにできることをやって発信できないかな、と思ったんですね。それで、基本的に映画を制作する人はたくさんいるのですが、1年で33本も作ろうとする人はいないんじゃないかな、と思ったわけです。何しろ、予定していた舞台やイベントもなくなり、自分が働いていた映画館までもつぶれて、他のバイトもなくなり、本当に何もかもなくなって、空っぽになってしまったんです。最初は家でゲームばかりをやっていたのですが、「このままじゃいけない！」と思いたち、そこから1日に1本ずつ映画のプロットを書くようになり、合計50本たまったんですね。そこから生まれたのが、33本の企画なんです。

JOSTAR　つまり、コロナ禍ですべてを失い、ゼロになったところからはじまった企画なんですね。

シネマッツン　はい。でも、最初は軽い気持ちからはじめたのですが、実際にやってみると結構これが大変でした。実は、本当はキャリアとしては、役者をメインにやっていきたかったので、「目指せ、北野武！」みたいな感じで、自分で脚本・監督・主演という1人3役という方向性を目指して映画を作りはじめたのが約5年前からです。とにかく、この1年間は自分でもびっくりするぐらいのハイペースで作品を作ってきましたね。今月だけでも4本が同時に進行中です。

JOSTAR　その中に、『東京怪物大作戦』も入っているんですよね。

シネマッツン　はい、そうです。僕は昭和の時代の『ウルトラQ』みたいなレトロな世界観の映画が作りたいな、というのがあったんですね。また、大好きな黒澤明監督のモノクロの世界をモチーフにしたものなどを作りたかったので、そんなことがチャレンジできる機会をいただいてうれしかったですね。

JOSTAR　シネマッツンは、これまで映像の作品では賞も取られていますよね？

シネマッツン　はい。昨年、「インド国際映画祭」で、ホラー映画でグランプリと準グランプリをいただきました。他にも、僕が主演した映画も、インドで受賞したらしいですね。なんか、インドに好かれているみたいです（笑）。

JOSTAR　受賞された映画は見ることができるんですか？

シネマッツン　実は、本編は公開してないんですよ。40分ぐらいの作品なのですが、YouTubeでは長いものだとあまり視聴者には受けないというのと、内容的にもホラー映画で少しえぐい描写などもあって……。

JOSTAR　なるほど。では、その映画に関しては、映画上映会みたいな形などで拝見できるわけですね。

シネマッツン　はい、そうです。作品をご覧いただけるのなら、僕の「シネマッツン33」というチャンネルでは、映画本編とメイキングの動画をアップしています。興味のある方は、そのチャンネルを覗《のぞ》いていただくと、僕がどんな作品を作っているのかなどが確認していただけると思います。

視聴者数のアップより
まずはクオリティをキープ

JOSTAR　ちなみに、33本という数字に意味はあるのですか？

シネマッツン　33本という数字は、まず、尊敬する黒澤明監督が生涯で作った映画の数が30本といわれているんですね。だから、30本を基準に考えたときに、20本だとわりと実現できそうだし、40本だとさすがに難しいかなということで、質をキープしながら実現できそうな範囲のギリギリが30本前後だったんです。それに、3と3のぞろ目の数字にすると、最強の数字になると聞いて。あと、3と3という数字を向き合わせて組み合わせると8の数字になるので、無限大という意味にもなりますよね。だから、33本がいいなと思ったんですね。今のところ、月に2本か3本くらいのペースで制作する、という感じですね。

JOSTAR　でも、月に2、3本でも結構大変じゃないですか？

シネマッツン　はい、すごく大変ですよ。ショートフィルムなら、だいたい1つのシチュエーションで、ロケーションも同じ場所で、役者さんも同じ、という条件なら月3本でもいけるのですが、そういうわけにはいきませんからね。

JOSTAR　これまで、何本くらい撮ったのですか？

シネマッツン　ちょうど13本目を撮り終わりました。映画のテーマも、その月ごとにジャンルを変えているんです。たとえば、1か月目はおとぎ話テイストで3本続けて制作したら、2か月目はダークなもので3本とかね。そして、その次はホラーテイストにして、などというふうに。そんな感じで毎回、キャストを変え、ロケーションを変え、ジャンルやテイストを変えながら33本作れたらすごいな、と思っているんです。

JOSTAR　制作費というか予算の方は、どのようにしているんですか。

シネマッツン　ポケットマネーですよ。

JOSTAR　それは大変だ……。回収はできていますか？

シネマッツン　どこかで回収しないといけないんですよね。でも、YouTubeのアカウントで登録者数を増やして、みたいなことは、今はあまり考えてないんです。もちろん、視聴者数なんかも、もっと増やせれば、それに越したことはないんですけどね。どちらかというと、今はまずは33本を1年で作ることを実現すること。それも、1本1本、ある程度きちんとしたクオリティで面白いものを目指すことが大事、という感じですね。それに予算は、ぶっちゃけ、1本単価で1万から3万円ぐらいで作っていたりするんです。

JOSTAR　まずは、とにかく33本を実現させる、ということですね。

ADHD・アスペルガーでもここまでできる！

シネマッツン

そうなんです。あと、自分でも公表しているのですが、僕はADHD（注意欠如・多動症）とアスペルガーを持っています。要するに、僕は世間的には発達障害と呼ばれる人間でもあるのですが、「障害」という言葉のイメージが嫌なので、なんとかそのイメージを覆していきたいと思っているんです。

実際に、ADHDやアスペルガーの人たちの中には、天才的な人や、世の中を変えていくような大きなことができる人なんかも多かったりします。だから、この僕も自分自身がまず何かをきちんと成功させるべきだと思ったんです。そうすることで、僕なりにADHDやアスペルガーの人たちの可能性を広げたり、イメージを払拭できるといいなと思ったんです。

JOSTAR　なるほど。でも、ADHD的な要素は僕からすると見受けられないのだけれど、その辺はどうなのですか？

シネマッツン　実は、ADHDとかアスペルガーって、一見すると普通の人に見えるのですごく難しいんです。

JOSTAR　自分で、「僕はここがそうなんだ」と言える部分ってありますか？

シネマッツン　めちゃめちゃありますよ。たとえば昨日、財布を落としたこととか（笑）。財布は、よく落とすんです。ただし今、仕事をするという意味においては、好きなことや得意なことしかやっていないので、ADHDとして苦労している、という感じではないですね。

JOSTAR　でも、じゃあ、会社員とかはキツいですね。

シネマッツン　まず、無理ですね（笑）。

JOSTAR　今の道にたどり着くまでは、紆余《うよ》曲折などはあったのですか？

人と会話ができなかった4年間

シネマッツン　若い頃は、心がずっと病んでいましたね。実は、18歳くらいから22歳までの4年間、人と会話できない時期があったんですよ。その時のジレンマやうっぷんが僕の作品の1つ、『太陽が沈んだ日』になったんです。映画の中で主人公は社会というものが怖くて苦労するんですね。そんな主人公が社会という怪物に対峙していく様子を描いていますが、これは自分の体験談がもとになっているんです。

JOSTAR　世の中がモンスター、みたいな感じですね。

シネマッツン　はい。僕自身も高校生までは自分でも気づかなかったことが社会に出て露《あら》わになったり、これまで守られてきたことが、社会に出ると突然叩かれるようになってしまったりしたことがトラウマになってしまって……。普通のバイトもこなせませんでしたからね。要するに、普通であることができないんです。もちろん、今も苦手なんですけれどね。普通であろうとすると、粗がめちゃめちゃ出てしまうんです。

JOSTAR　たとえば、どんな粗が出てしまうんですか？

シネマッツン　例を挙げると、一時期、バーで働いていたことがあったんですね。バーみたいな場所は、人間関係や人脈が築けるかなと思って働いていたんです。でも、バーでの仕事は、お客様と会話をしながらも周囲への注意力などを常に働かせておかないといけません。たとえば、会話をしながら、お客様のたばこの灰皿を取り換えて、別のお客様のグラスを換えて、などあらゆる方向に神経を向けなければいけない。実は、このような気を配る接客タイプの仕事は、ADHDの人には向いてないんです。結局、僕はバーの仕事はクビになってしまったし、他のバイトもそうです。最終的に自分でわかったのは、「向いてないことをやっても無理」ということ。やはり、自分に向いていることに集中した方が自分も楽しいし、周囲にも迷惑をかけない。その上でお金になることができればそれが一番だろう、と思ったんです。そして、それらが活かせる場所がYouTubeというメディアだったんですね。

JOSTAR　では今はもう、自分にとって生きやすい環境を自分で創れている、ということですね。

コロナよ、どうもありがとう！

シネマッツン　はい。特にこの1年間は、本当に好きなことをただひたすらやってこれたので、そういう意味において、「コロナよ、どうもありがとう！」という感じですね。言ってみれば、ADHDとかアスペルガーも、1つの個性だと思うんですよね。ポイントは、自分が向いてることに気づけるか、気づけないかっていう、それだけの話だと思うんです。ADHDやアスペルガーに悩んでいる人たちの9割は、多分、自分に向いていないことをしているのではないかと思います。だから、自分に向いていることさえ発見できれば、人生は大きく変わっていくので、僕なりにそんなことを伝えていきたいですね。

JOSTAR　考えてみれば、4年間も人前に出られなかった人が、今ではイベントなんかで大勢の人の前でMCをやっているわけですからね。

シネマッツン　そう。本当にもう、昔の僕だったらあり得ないことなんです。人前で自己紹介なんて到底できませんでしたから。今では一人芝居もやっていますしね。ちなみに、人見知りを克服できたのは、「あがり症克服」ってPCで検索したら、「インプロビゼーション（即興）」を学ぶ劇団の情報が出てきたんですね。そこで、その劇団に通って、即興芝居などを学んだらハマってしまって、一気にコミュニケーション能力が向上したんです。人見知りなんかも急に治ったんですよね。それまで一切無理だったのに、そこから突然、人と会話ができるようになったんです。

JOSTAR　でも、そこへ飛び込んでいった、というシネマッツンもすごいよね。

シネマッツン　何かに引っ張られた、というような感じでしたね。

JOSTAR　今、皆、「風の時代」と言いますよね。これからはより「個の時代」になっていくと、集団や組織で生きることに困難を感じたり、苦労をしていたりした人が生きやすくなるというけれど、シネマッツンの生き方は風の時代にぴったりですね。

シネマッツン　まさに、風の時代だと思います。個性を活かす芸能の世界は特にそうですよね。

JOSTAR　今後の展望は？

シネマッツン　全員が全員「面白い！」と言ってくれるような映画を作ることは不可能かもしれません。何をやっても、やはり賛否両論はあるものなので。だからやはり、自分のやりたいことをやっていきたいですね。昔のレトロな世界観が好きなので、次はチャップリンの時代の無声映画みたいなものに挑戦してみたいですね。それも、全編にわたって、足から下だけが登場してストーリーを展開するような恋愛モノとか。

JOSTAR　面白いですね。新しい作品を期待しています。今日はありがとうございました。

シネマッツン　ありがとうございました。

直家《なおや》GO《ゴー》

File5

北方領土ネタを扱って
ロシア当局に見つかったら
プーチンと握手を
したい！

YouTube 直家 GO、平岡直家

YouTubeで新しい自分に生まれ変わった

JOSTAR　まずは、直家GOさんのYouTubeチャンネルについて、自己紹介を含めてご紹介いただけますか？

直家GO　現在、チャンネル登録者さんの数が約6万人の「直家GO」というチャンネルでYouTuberとして活動させていただいていますが、もともとは、「平岡直家」という名前のチャンネルからスタートしました。2018年3月頃からはじめた平岡直家チャンネルは、当初は本当に泣かず飛ばずで、開設してからの2年間は、ずっと下火でくすぶっていたんです。2年の間にチャンネル登録者数の方がマックスで300人いくかいかないか、というくらいでした。ところが、2年後にサブチャンネルの方の直家GOチャンネルがヒットしはじめてから、ようやくこちらのチャンネルも注目されるようになってじわじわ伸びるようになってきた、というところです。

JOSTAR　平岡直家という名前は本名なのですか？

直家GO　いえ、本名ではなくて芸名です。というのも、私はYouTubeの制作においてガイドラインや規制がある中で、結構ぎりぎりのレベルの突っ込んだ話などもしているので、やはり本名ではなくてハンドルネームでやっているんです。

JOSTAR　そうなんですね。ちなみに、直家GOさんのもともとのご職業などは教えていただけたりしますか？

直家GO　はい、建設業です。それも、機密性の高い業務内容に携わっていて、業務内容を公にしてはならないという契約書の下で働いていたりしている仕事です。

JOSTAR　仕事は建設関係で、その内容はコンフィデンシャル、というわけですね。ちなみに、今もそのお仕事は続けているんですよね？

直家GO　はい、そうです。二足のわらじ的な感じでやっていますね。

JOSTAR　そもそも、YouTubeに動画をアップするようになったきっかけみたいなものはあったのですか？

直家GO　最初の頃は趣味の1つという感じでしたが、徐々に活動範囲も広がり、最近では趣味を超えるレベルになってきましたね。もともと私は、父親から社会の闇や大手メディアの裏に隠された真実などをずっと聞かされて育ってきたので、そのあたりの内容に踏み込んでやっていきたいとは思っていました。

そこで、自分の身の安全を確保したいので本名は使わないようにしたのですが、実は、私自身が別の名前を使うことで、まったく別のキャラクターに生まれ変わりたい、という願望もあったんです。現実の世界で仕事をする自分とは別に、YouTubeを通して、社会の常識に縛られない、まったく新しい自分になりたかったんですね。

あともう1つ、私の本名の画数が運勢的にあまり良くなくて、それがずっとコンプレックスでした。それで、新しい名前になり生まれ変わって第2の人生を送ってみたい、というのもあったんです。やはり、画数のためによからぬ方向に行って人生が転落した人などもいるわけですからね。そんな思いから、自分で良い画数を考えて生み出したのが、平岡直家という名前だったんです。

アメリカの大統領選の時期にアクセス数が一気に上がる

JOSTAR　そうすると、そこからまた次に直家GOという名前になったわけなので、さらにいい画数になった、ということになりますか？

直家GO　はい。これは、「株式会社直家GO」にもなれる画数を考慮しています。つまり、直家GOという名前のプロダクトができても使える名前にしています。

JOSTAR　つまり、将来的にブランディングもできるネーミングなんですね。ちなみに、「直家」という名前に何か意味は込められているんですか？

直家GO　はい、「直の家」という字は、「一本筋を通す」という意味合いでもあるんです。基本的に、私は敵をつくりたくありません。本来、無敵な存在とは、敵がいない状態だと思うんです。私は性格的に、相手とやり合う、というようなのは性に合わなくて。もちろん、相手とのやりとりや折衝の中で、新たなものが生まれるということもあるのですが……。

JOSTAR　なるほど。これまでのYouTube動画でヒットしたものはどんな内容のものですか？　たとえば、昨年末あたりにはアメリカの大統領選のネタなども話されていたと思いますが、その頃はどのチャンネルもこのネタで盛り上がっていましたよね。

直家GO　はい。選挙が始まった11月3日あたりから、私のチャンネルも順調にヒットしはじめました。急に注目度も上がりましたね。でも、大統領選が終わって数週間後には、やはり、チャンネルの伸びがぴたりと止まってしまいました

（笑）。

JOSTAR　一番盛り上がったのは、選挙後の「不正選挙があったかどうか」という時期ではなかったですか？

直家GO　そうですね。そのあたりです。

JOSTAR　「○月○日に、○○の発表があるかも」みたいなことがあると、一気にアクセス数も伸びる、という感じでしたね。

直家GO　その通りですね。

JOSTAR　いつも情報収集などはどのようにしていますか？

直家GO　情報収集は新聞、インターネット、他のYouTuberさんのチャンネルやメッセージアプリの「Telegram（テレグラム）」などでしょうか。やはり、ネットが中心にはなりますが、規制されてない情報をできるだけ入手できるか、という形にはなりますね。あと他には、海外の人と直接話したり、友人、知人からの情報や本からの情報などですね。とにかく、総合的に入手するようにはしています。

日本が抱える問題に取り組んでいく

JOSTAR　ところで今、お気に入りのYouTubeチャンネルとかってありますか？

直家GO　そうですね。「闇のクマさん世界のネットニュースch」とか「我那覇真子《がなはまさこ》チャンネル」とかは好きですね。

JOSTAR　「闇のクマさん」は、あのしゃべり方がいいですね。

直家GO　はい。クマさんはあのテンポがいいですね。我那覇さんも大統領選の時にはアメリカの現地に飛んで、ありのままの姿をレポートしてくれたところがいいですね。彼女の場合は、視聴者の方へのサービストークなどをせず、本当にありのままの情報を流すだけですので、YouTube的に盛り上がるテンションではないのですが、そこがまた彼女のいいところというか……。若いのに気丈にふるまいながら笑顔を忘れないところもいいですね。

JOSTAR　確かにそうですね。そうすると、自分の中で「これからは、このネタが来そうだ！」みたいなのはありますか？

直家GO

そうですね。まず、やはり私としては「尖閣諸島問題」に「台湾海峡問題」、そして「竹島問題」あたりに取り組みたいですね。「平岡直家チャンネル」を検索していただくと、それぞれのチャンネルのロゴというかマークの部分に私の場合は「シロクマ」のぬいぐるみの写真を載せています。実は、このチャンネルを立ち上げたそもそもの理由として「北方領土問題」を扱いたかった、というのがあったんです。だから、「モシリコルチ」というアイヌ語で「大地の神」という意味の言葉と、択捉《えとろふ》の「紗《しゃ》那《な》村」の「シャナ」という言葉から「モシシャナ」というシロクマのキャラクターを作りました。現在、日本の北方領土がまだロシア領になったままであり、不可侵条約を破ったままの状態になっているあの領土を何とかできないか、というのを、面白おかしくキャラクターを通じて演じながら伝えられないか、というのがはじまりでした。でも、先ほども言いましたが、とにかくはじめた当初は泣かず飛ばずで滑ってしまい、今、やっと登録者数が4000人くらいになった、というところですね。

JOSTAR　でも、これからはもっと増えてくるんじゃないですか。というのも、この手のネタの競合って意外といないですよね。たとえば、陰謀論系ならアメリカの大統領周辺の情報などは広く浅く多くの人が触れているけれど、日本人は以外と日本のネタをあまりやらないですからね。なので、そのあたりを強化していくのはいいですね。

直家GO　そうなんですよね。今後、もっと収益が上がったら、「北方領土で釣りをしてみた」とか「北方領土に日本の国旗を立ててみた」「北方領土で日本の盆踊りをやってみた」「北方領土でコンサートをやってみた」、などなど幅広くいろいろなことをやっていきたいですね。それでロシア当局に見つかってしまったら、「プーチンと握手してみた」みたいな感じでさらに盛り上げていきたいですね。こんな政治的な問題だって、YouTubeから盛り上げながら、経済を活性化していくことで、地域が潤うならロシアも文句が言えない、みたいな雰囲気を作っていきたいです。北方領土に「直家GO温泉」を作ったりするのも不可能ではないですよね。そのあたりも話を詰めていくと、ロシア政府の許可とかもいるでしょうが、何とか日本や北海道の管轄のもとでそんなこともできるようになるといいですね。

YouTuberは政治家よりパワーがある⁉

JOSTAR　壮大なプランですね！　そんな精神を持っている人は普通だったら政治家になったりするのですが、そういう路線は考えなかったわけですか？

直家GO　はい。やはり政治家は、利害関係も発生するし、それに一線を越えると殺されちゃうから怖いですし……。だから、私の場合は、YouTubeというメディアで、あくまでも都市伝説風のスタイルなどで皆さんには訴求していきたいですね。やはり、YouTubeという自由に活動ができる場所で、自分ならではのやり方で、意識をグローバルに盛り上げていきたいというのがありますね。そういう意味では、YouTuberって最強なんです。政治家よりも力があるのでは、と自負しています。

JOSTAR　今後、YouTuberとしての収益が上がったら本業のお仕事はどうされますか？

直家GO　YouTubeの収益的には、今は本業と比べて、どっこいどっこいのレベルですね。ただし、本業を辞めてYouTuberに専念するかと問われるなら、そういうわけにもいきません。やはり、日本の社会保障の問題などもありますからね。たとえば、日本では銀行は未だにYouTuberにはお金を貸してくれないんですよ。要するに、ベンチャー企業を立ち上げた社長と同じ位置付けなので、信用もあまりなくまだまだ肩身が狭いのが現状です。だから、

YouTuberの他に職業を持っているというのは強みになります。ただし、今後1~2年の間に、世界を揺るがすような大きな変化が起きると確信していて、たとえ、それが最初はマイナスの動きになろうとも、いつか、昼と夜は必ず交代する時代がやってくると思うんです。だから、そんな状況が来ても、私はそれを絶対プラスに活かそう、と思っています。

JOSTAR　直家GOさんなら、どんな逆境もプラスに活かせそうですね。今後の活動が楽しみです。今日はありがとうございました。

直家GO　こちらこそ、ありがとうございました!

レイア

File6

目に見えない世界もあると信じることで人生が豊かに彩られる

YouTube スピリチュアルナビゲーター・レイアチャンネル

YouTube レイア・エンタメチャンネル

・アメブロ　https://ameblo.jp/iris-rhea

スピリチュアル界の大ベテランがYouTubeデビュー

JOSTAR　スピリチュアルカウンセラーのレイアさんは、鑑定歴も26年とスピリチュアルの世界ではもう大ベテランの方ですね。そんなレイアさんが、YouTubeをはじめられたのはいつですか？

レイア　実は、YouTubeではまだ新人で、2020年8月にデビューしたのでまだ1年経っていないですね。

JOSTAR　YouTubeでは主に、どのような内容を扱われていますか？

レイア

チャンネルを2つ持っています。スピリチュアルナビゲーター・レイアチャンネルでは〝ガチスピリチュアル〟を、レイア・エンタメチャンネルではバラエティやゲスト対談などをアップしています。スピリチュアルとエンタメの2つが混同してしまうと、番組の主旨がわかりづらいので、区別していまs。私がバラエティをお届けしているのには、理由があります。私は、いろいろな神様や存在たちともつながることができるのですが、天照大御神《あまてらすおおみかみ》様から、「あなたがアメノウズメの役を演じて、道化となって日本を明るくしていきなさい」というメッセージを受け取ったからです。「天戸を開く人は別にいる。でも、あなたが道化にならなければ、天戸は開かない。だからその役をやっていきなさい」と。また、神社・仏閣を回りながら、それぞれの神様とつながり、そのメッセージと共に、祈りや感謝の大切さなども皆さんに伝えていくことも命じられました。それが「人々を覚醒させることになる」と教えられたからです。たとえば、「覚醒」ということについて、専門的な難しいお話をされる方はたくさんいるのですが、「もっと庶民的に、わかりやすい形にして伝えていきなさい」、とも言われました。だから、タロット占いなどに関しても、私の場合はYouTubeではわかりやすい形で解説しているんですね。

JOSTAR　なるほど。タロット占いだけでもYouTubeには、たくさんのチャンネルがありますからね。

レイア　そうなんです。私の場合は、タロットの教本的な内容はもう必要なくて、タロットに描かれた登場人物とも直接つながることができるので、占う方それぞれに違うメッセージをお伝えすることができるんですね。

JOSTAR　それはすごいですね。たとえば、「塔（タワー）」というカードが正の位置で出た場合、普通だったら、「崩壊する」などの従来のカードの持つ情報だけでしゃべるのではないということですね。レイアさんの場合は、カードとつながり占う人を霊視しながら行うという感じなんでしょうか。

レイア　まさにそんな感じですね。言ってみれば、私にとってはカードの持つ情報は必要ないとも言えるのです。「シッティング（相手からは何の情報も必要なく、瞬時にさまざまなことを読み取ることができる能力）」で、守護霊からのメッセージや前世などもすべてわかります。

幼少期から発達した霊能力は出産を機にさらに開花

JOSTAR　なるほど。タロットはただのツール、という感じですね。ちなみに、そんな

レイア　霊感は小さい頃からあったのですか？

JOSTAR　はい。5歳の頃から近所でも「ちょっと変わった子どもがいる」みたいな噂になっていて、たくさんの人たちが「お伺い」という形で訪れていました。「ここの家で子どもが生まれるか」とか、「あの人、けがをしちゃうから危ない」って言うと、本当にそんなことが当たっていました。

レイア　スピリチュアルの世界を職業として本格的にはじめたのは、いつ頃ですか？

JOSTAR　出産を機に、スピリチュアルの能力が拡大するような感じになってきました。たとえば、チャネリングをする機会が増えてきたり、過去生の記憶の中にある神道、キリスト、仏教などの学びが自分の中でよみがえってきたのです。キリスト教の信者でもないのに、聖書の教えなどもすでに頭の中に入っていて、それを引っ張ってこれるようになったりとか。ただし、スピリチュアルを職業にするには、やはり資格があった方が便利なので、その頃からカラーセラピーなどをはじめ、さまざまな資格を取ることでスピリチュアルを仕事にしはじめた、という感じです。

JOSTAR　ライセンスが必要だったということですね。

レイア　はい、無免許ではやれないので、そのためのツールですね。

JOSTAR　では、スピリチュアルのあらゆる分野に通じているレイアさんが、得意とする分野は何ですか?

レイア　基本的には、その方に合わせたメニューで鑑定をさせていただいています。しいて得意分野を挙げるなら、やはり、亡くなった存在とのコンタクトを通じてメッセージを受け取るようなことかもしれませんね。もちろん、人間だけでなく、ペットなどの存在ともつながることができます。

日本系の神様と深くつながる

JOSTAR　なるほど。チャネリングもされるとのことですが、チャネリングではどんな存在たちとつながることが可能ですか？

レイア　やはり、日本の神様が多いですね。「天照大御神様」が一番多く、その他に3・11以降くらいからは、「国之常立神様《くにのとこたちのかみ》」ともつながるようになりました。私の守護天使は「大天使ミカエル」です。他にも、「龍神様」なら「白龍」ですね。神社仏閣系なら「摩利支天様《まりしてん》」や「不動明王様」だったりなど、宗教の枠を超えて、さまざまな神様や存在たちとつながっています。

JOSTAR　ということは、クライアントさんに対しても、その人に合った存在がやって来るみたいな感じですね。

レイア　はい、そんな感じです。その人が神道を信じていれば神道系の存在ですし、真言密教の方であれば空海さんなどがおいでになりますね。

JOSTAR　ちなみに、僕の守護霊みたいなものは視えたりしますか？

レイア　イギリス人で、幼くして亡くなった男の子が守護霊としてついています。一番最初にお会いした時から視えていましたよ。

JOSTAR　僕のチャンネルでも「僕ちゃん」というチャンネルで、画面を男の子の顔に加工して配信しているチャンネルがありますし、なんだかそう言われると、親近感がありますね。

レイア　その男の子が、エンジェルとしてJOSTARさんの守護をしていますね。その男の子は、JOSTARさんの前世にも関わっているわけですが、その子自身、「歌が上手かった」と言っていますね。

JOSTAR　僕はもともと、ミュージシャンで歌も歌いますからね。

レイア　あとは、宇宙的な部分で言えば、シリウスのエネルギーも感じますね。ひらめきが閃光《せんこう》のように出てくるという感じがシリウスっぽいですね。

JOSTAR　僕も、自分ではシリウスだと思っていました。ところで、レイアさんがこれまでスピリチュアルな体験をいろいろしてきた中で、一番衝撃的な体験をお話しいただけますか？

命を懸けた悪魔祓《はら》いの体験

レイア　それなら、YouTubeでも紹介していますが、やはり悪魔祓いをしたエピソードでしょうか。これは自分の中でも一番衝撃的な体験ですね。最初はある友人と会って部屋で普通に会話をしている、そんな日常のシーンからはじまったんです。しばらく話をしているうちに、友人からなんとなくいつもとは違う違和感が伝わってきたのです。そして、「何かがおかしい？」と思った瞬間に、相手の目に何かが憑依《ひょうい》したのがわかったのです。

JOSTAR　その人の目が豹変《ひょうへん》したんですね。

レイア　そうです。目でわかるんですよ。そこからエネルギーがめらめらと変わってきて、相手にそのことを確認しようと「ねえ」と声をかけた途端に、相手の顔が完全に変わってしまいました。「これはおかしい！」と直感的に危機感を覚えたので、私は逃げようとしたんですが、ドアがなぜだか開かなくて外へ出られないんです。

JOSTAR　完全に焦りますね。

レイア　そうです。私のドアの開け方が間違っていて開かないのかと思ったのですが、そうではなかったようです。そしたら今度は、友人がいつもとはまったく違った声でうなり声を上げはじめました。

JOSTAR　映画の『エクソシスト』みたいですね。

レイア　そう、口からもよだれのようなリキッド状態のものが出はじめて……。とにかくすごい状態になってきて、憑依された友人は女性ですが、すでに完全に女性ではない声でうなっています。私も部屋から出られないことで、なんとか向き合おうとしても攻撃してくるんですね。お祓いをしたくても、私の方がねじ伏せられてしまうような状態でした。

JOSTAR　浄化できないわけですね。

レイア　憑依の力が強すぎて、お経も唱えられないほどでした。その友人は、私に会う前にアメリカの南部に行っていたので、そこで何かが起きたのかもしれません。エネルギー的に、日本のものでないものを感じていましたから。とにかく、彼女も部屋中をのたうちまわるような感じになってきて苦しんでいました。私もなんとか、「私に何をしたいの?」と言えたのです。すると、「お前を殺す」と答えてきたので、「私はあなたに対して何もしていないわよ」と言い返すと、「うるさい!」みたいな声にならない言葉で返してきました。この世界にはたくさんの言語がありますが、この世の言葉ではない言葉で伝えてくるんです。友人の名前を呼んで「ちゃんと元に戻って！」と叫ぶと、彼女の声は時々聞こえてくるんですよ。

JOSTAR　たまに本人が顔を出すって感じですね。

レイア　ええ。まさに『エクソシスト』の映画にあるように、彼女は、首が回ったりすることこそありませんでしたが、部屋の電気はついたり消えたりして、ラップ音もすごいですし、部屋は10畳くらいの広さでしたが、部屋の椅子などの家具も、ものすごい勢いで動いて倒れてくるんです。最終的に、天井についていた蛍光灯はバリン！と破裂して上から落ちてきました。私も吹き飛ばされて、実際に肋骨《ろっこつ》が亀裂骨折したんです。

JOSTAR　壮絶ですね。

レイア　他にも、もみ合った時に指を2本骨折しました。もう、絶体絶命、という時に天照大御神様からの光の力を借りて、お経を唱えていると、憑依された彼女が少しおとなしくなってきました。そこで、一気にそこから光で抑え込むような形で浄霊をしていきました。

JOSTAR　すごすぎますね。ちなみに、その悪霊と格闘していたのは、どれくらいの時間でしたか？

レイア　時間としては、1時間半ぐらいでしょうか。

負のエネルギーを正のエネルギーに転換させる

JOSTAR　そんなに長い時間、格闘していたんですね。

レイア　もう、傷だらけですね。その後、彼女に向かって光を入れ続けていたら、ようやく変化が出はじめました。なんと、今度はいびきをかいて寝るような感じになったのです。そして最後に、ようやく彼女の中から黒い煙みたいな感じのものが外へひゅっと出ていきました。ついに、彼女から悪霊が抜け出たのです。その後、彼女は2日間にわたって眠り続けたのですが、後から話を聞くと、その時のことはまったく覚えていない状態でした。でも私が実際に骨折などもしているので、本当に本人は驚いていましたね。あの出来事だけは、今、思い出しても生きた心地がしないですね。

JOSTAR　普通の人なら多分、精神に異常をきたしていると思いますよ。

レイア　この私でさえ、まさか悪魔祓いの映画と同じような状況が自分に降りかかるとは思わなかったので、自分自身でも「あれは夢だったのでは」と思うほどです。とにかく、一番怖かったのが、薄笑いの表情ですね。悪魔的な存在って薄笑いをするんです。その笑い方は普通の笑いではないんです。よく、現実の世界でも犯罪者が捕まった時に「ニタッ」って笑いますよね。あれはサタンの笑いですよ。

JOSTAR　わかります。捕らえられて警察の車の後ろのシートに座りながら、たまに笑ったりしている人いますからね。

レイア　そうなんです。「どうして笑うの？」って感じで。でも、ああいう人って、刑務所へ行ってしばらく時間が経つと、普通に戻ったりもするのかもしれない。あの時、自分は何をしていたのだろう、って思うこともあるかもしれないですね。

JOSTAR　世の中の犯罪には、結構そういう悪い霊の憑依によるものってあるかもですね。

レイア　私はあると思いますよ。「あんなに普段おとなしかった人が殺人鬼に……」みたいなケースなどは、そうかもしれない。基本的に、負のエネルギーと正のエネルギーの両方があるならば、やっぱり負のエネルギーって強いんですよ。陰陽師などの世界でも、負のエネルギーや呪詛《じゅそ》を、きれいな正のエネルギーに変えるようなことをやっていますからね。私たちも、そんなふうに負のエネルギーをプラスのエネルギーに転換できればいいんですけれどね。それはなかなか難しいですね。

愛と感謝を忘れず、ご先祖様を大切に

JOSTAR　普通の人が負のエネルギーに取り込まれないようにするというか、そんなエネルギーに負けない自分になるには、どうしたらいいですか？

レイア　私は、人間ってやはり弱い存在だと思うのです。ですから、神仏をはじめ、ご先祖様を大切にする心を忘れないことが大事かなと思います。やっぱり先祖あっての自分なのです。自分のルーツをたどると何万人もの人がいるわけですからね。また、日本人としての民族性というか、「大和の血」というものが日本人の中に流れていることも忘れないようにしたいですね。卑弥呼《ひみこ》の時代や原始宗教が存在していた時代に、神羅万象の中で太陽を崇拝し、自然を崇《あが》めて感謝しながら生きていたいにしえの精神に回帰していく、ということ。その上で、人間としての思いやりや、人とのつながりなどを大切にしていくということですね。

JOSTAR　人間としての基本的なことを忘れない、ということですね。

レイア　そういうことですね。私たちは、生きている、というより生かされている自分というものを、もっと大切にしていくべきですね。もちろん、日々生きていれば、新型コロナのような問題なども出てくるわけですが、そんな困難の中でも、なんとか自分らしい生き方を見つけていかなければなりません。スピリチュアルな考え方や目に見えない世界に触れることが、生き方を豊かにできるのではないかと思います。興味のあるものなら、UFOでも宇宙人でも何でもいいんですよね。現実から少し離れた世界からのモノの見方をするだけでも違うかなと思っています。そういう意味において、JOSTARさんの『東京怪物大作戦』なんかは、その入り口みたいなものとしてもいいのかなと思います。

JOSTAR　『東京怪物大作戦』の宣伝をしていただき、ありがとうございます。確かに、この作品が不思議な世界に触れるきっかけになってくれたらうれしいですね。今日は、面白いお話をどうもありがとうございました。

レイア　こちらこそ、ありがとうございました！

阿部美穂

File 7

カテゴリーを決めずに自由に気ままに、興味のあるテーマにチャレンジ！

YouTube　Milly・あべみほちゃんねる

「お散歩」から「食レポ」まで何でもありのチャンネル

JOSTAR 阿部美穂さんの自己紹介とYouTubeチャンネルでは、どのような感じの動画をアップされているのか、そのあたりからお話しいただけますか？

阿部美穂 はい。まずは自己紹介ですが、私は阿部美穂と申しまして、職業は役者と歌手をさせていただいております。また、JOSTARさんのおすすめで、YouTuberもスタートし、はじめてまだ1年くらいなのでチャンネル登録者数の方もそんなに多くないのですが、これから頑張っていく予定です。一応、動画の内容としては、いろいろな場所に出掛けるのが好きなので、たとえば「阿部美穂ツアー」「阿部美穂とお出かけ」などと名付けたツアー動画をご紹介したり、食レポなんかもやっています。他にも、都市伝説系やエジプトの話とかもやりましたね。実は、自分はエジプトでの前世があるような気がするので、エジプトのピラミッドの謎などを自分なりに解説してみました。

JOSTAR　テーマとしては、カテゴリーを決めずに何でもやっている、という感じですね。

阿部美穂　そうですね。いろいろ挑戦していければと思っています。

JOSTAR　動画をアップする頻度としては、今はどれくらいのペースですか？

阿部美穂　頻度は大体1週間に1回ぐらいのペースでしょうか。

JOSTAR　どんな動画にアクセスが多いとかあります？

阿部美穂　そうですね。JOSTARさんの「スピリット祭り」に関係するような動画などは、再生数がウンと上がりますね。宇宙人の話、エジプトの話や都市伝説などもJOSTARさんのファンの方に見ていただくことも多いようです。あと、この間、千鳥ヶ淵に桜を見に行ったんですが、その時も、結構たくさんの方に見ていただけましたね。

エジプトに惹《ひ》かれるのはエジプトに過去生があったから⁉

JOSTAR　なるほど。ちなみに、「エジプトに過去生があったかもしれない」、ということについてもう少し教えていただけますか？

阿部美穂　実は、私は前々からなぜかエジプトに興味があって、エジプトのことを調べるのが好きで、いつかは一度行ってみたいと思っているんですね。実は今日、皆で東京江戸博物館のエジプト展に行ってきたんですが、霊能力者でもあるレイアさんから、「あなたはクレオパトラの時代に生きていたことがあったのよ。また、クレオパトラは実は7人いて、その中の7番目のクレオパトラの側近だった。7番目のクレオパトラの側で扇を扇《あお》いでいたわよ」と言われました。なんと、レイアさんも同じように7人目のクレオパトラの側近だったそうです。だから、「私たち、前世でつながっていたのよ」などと言われてびっくりしましたね。

JOSTAR　前世でもご縁があったんですね。

阿部美穂　そうなんです。あと、博物館内の展示物に結構宇宙人っぽい作品が多くて、やっぱり、古代は宇宙人とのつながりが強かったんだなと思いました。ピラミッドも構造的に宇宙人が作ったのではないか、という説もありますしね。今日、ひとつ発見したことですが、エジプト展で宇宙人のような珍しい石像があったのですが、よくよく見たら、その展示物は「日本初公開」って書いてあったんです。それで、「こんなものを今まで隠していたんだな」と思えたのです。つまり、今、コロナの影響で博物館に来る人もそこまでいないので、あえてそんな機会を狙って公開したのかな、などと考えてしまいましたね。

JOSTAR　ちょっと陰謀的な部分も感じたわけですね。

阿部美穂　はい、陰謀的な部分ですね。陰謀論も好きなのでライブ配信でもやったことがありますよ。

JOSTAR　そういえば、阿部美穂さんは天然なので、あの有名な「ミスター都市伝説」として知られている「関暁夫さん」のことをYouTubeで間違えて「関あきらさん」と言って、逆にそれがスマッシュヒットを飛ばしていましたよね。

阿部美穂　そうなんです。無意識に言い間違えてしまい、大変失礼なことをしてしまいました（笑）。

JOSTAR　でも、その天然な部分で再生数が伸びたりするんですよね。また、その天然で不思議ちゃんな部分が、『東京怪物大作戦』の映画の中でも笑いのポイントになってたりするんですよね。

阿部美穂　ありがとうございます。そう言っていただき、うれしいです（笑）。

世界のロイヤル・ファミリーを紹介したい

JOSTAR　これからはどんな動画をアップしたい、みたいなものはあるのですか？

阿部美穂　そうですね。今度、世界のロイヤル・ファミリーの紹介みたいなものをやったら面白いかなって思っているんですね。たとえば、英国王室ならエリザベス女王のこととか、あと、王室から離れたメーガン妃のこととか。今、いろいろと情報を集めている最中ですね。

JOSTAR　そのあたりは面白そうですね。

阿部美穂　あとは、エジプト展へ行ってひらめいたのですが、とにかく、古代エジプトには神としての存在がたくさんいるので、エジプトの神様を1つずつ調べていきたいなと思いましたね。そんな感じで、その都度、興味がある対象をやっていきたいですね。

JOSTAR　阿部美穂さんは、下手に狙わずに自然体でやっていたら何かがヒットする、というタイプなので、そういう自由な感じがいいかもしれませんね。最後に、「これを言っておきたい！」みたいなことってありますか？

阿部美穂　今度、ある時代モノの映画に出演します。まだ、詳しいことはお話しできないのですが、撮影は終わっていて、私は遊女の役で登場します。今回の役のために殺陣《たて》も覚えたので、この機会に、殺陣の先生から本格的に習おうかな、と思っているところです。

JOSTAR　芸風が1つ増えますね。

阿部美穂　はい、またYouTubeでも新しい私の姿を披露できるといいなと思っています。

JOSTAR　頑張ってください！

阿部美穂　ありがとうございます。

岡本一兵衛

File 8

役者から起業家を経て倒産するも「ゴム人間」でYouTube界を一気に駆け上る

YouTube　Ichibei matatabi ch、Ichibei2ch

「ゴム人間」ネタでバズって一躍人気者に

JOSTAR　まずは自己紹介からお願いいたします。

一兵衛　岡本一兵衛と申します。YouTubeでは、「Ichibei matatabi ch」とサブチャンネルの「Ichibei2ch」を運営していますが、ここ最近は「ゴム人間」の話で、間違ってバズッてしまいました（笑）。動画の内容は、時事ネタなどを中心にフレキシブルにいろいろな話をしたいと思っているのですが、どうも視聴者の皆さんが、ゴム人間の話題をしてほしいようで、どうしてもこのゴム人間の話題に戻されてしまうのが現状です。なので、今は「ゴム専門」と言っています。よろしくお願いいたします。

JOSTAR　後で「ゴム人間」についてもお聞きしたいのですが、まずは一兵衛さんのことからご紹介できればと思います。一兵衛さんは、もともとは、役者さんでもあったんですよね？　そのあたりの、これまでの道のりを簡単にお聞かせいただけますか？

一兵衛　はい。今は42歳なのですが、今から約20年前の20代の頃には役者をやっていました。特に、「Vシネマ」と呼ばれるジャンルでは主演のシリーズを5本ぐらい持っていました。当時は、役者1本の日々でしたが、だんだんと芸能界にいるのが嫌になってきたんですよ。やはり、強い立場の人に気に入られるためには、媚《こ》びたりすることも必要だったりするのです。そういうことが嫌になってしまって、こんなことがずっと続く人生は嫌だなと思って、もう役者は辞めちゃおうと思ったわけです。

JOSTAR　潔く、すぱっと辞めたのですね。30歳以降は別のことをされたわけですね。

一兵衛　はい。起業して、芸能界とはまったく関係のない仕事をはじめました。一応、ネット関係ではあったのですが、商材を用いて美容室などのショーをプロデュースしたりなどですね。

JOSTAR　なるほど。そんな一兵衛さんがYouTubeデビューをされたのはいつですか？

一兵衛　「Ichibei matatabi ch」の方は約1年前に開設しましたが、今、人気をいただいているサブチャンネルの「Ichibei2ch」の方は今年の1月なんです。

JOSTAR　サブチャンネルはまだ数か月なんですね。

15億円の借金が人生の転機になる

一兵衛　そうなんです。YouTuberになる2年前くらいに、なんと15億円もの借金を作って会社を潰してしまったんです。

JOSTAR　15億！　それは大きいですね。

一兵衛　そうなんです。それまでビジネスは順調だったのですが、いろいろあってダメになり、取引先からも切られてしまいました。さて、これから何をどうやっていこうかと考えた時に、まともなことをやっても借金は大きすぎて返せません。もう一度、役者をやってみようかな、とも思って劇団を創って1

年間いろいろな場所を回っていたのですが、そのタイミングでコロナ禍になり、すべてのことができなくなったんです。そこで最初は、絵などを描いて時代劇にして、それをYouTubeで配信していたのですが、この方式だとどうしても制作費がかかってしまうんですよね……。

JOSTAR　制作費だけでなく、時間もかかりますね。

一兵衛　そうなんです。最初は、役者仲間たちと描いた絵に音声を入れて作った作品をアップすることで、何とかこれでコロナ期間を乗り切れるといいね、みたいな感じでやっていたのですが、それも少し難しくなってきました。そこで今のスタイルで、新たに陰謀論系のテーマに切り替えたのです。

JOSTAR　陰謀論はもともと詳しかったのですか？

グローバリストたちの危ない会話が職場で自然に飛び交っていた

一兵衛

実は、ビジネスをしていた頃の取引先は、アメリカの大手企業ばかりだったんです。そうすると、僕たちが陰謀論だと考えるような話も、普通の会話の中に自然に出てきていたんです。フリーメイソンやイルミナティなどの単語もよく耳に入ってきていました。そんな中、驚いたのが、3・11の前のこと。ある取引先の会社のスポンサーが2011年の2月に、「今度、東北で地震が来るので、自分のいる場所は結構ヤバいことになるから、大阪方面に逃げておこうかな」みたいな会話をしていたんです。その時は、「この人は何を言っているのかな」と思っていたのですが、3月になり本当に東北で地震があったので、「本当だった。これってどういうこと⁉」みたいな感じになったんですね。

JOSTAR　それは外人さんたちの会話だったたんですか？

一兵衛　それは日本人ですね。でも、取引先がいわゆるピラミッド型の構造の上にあるような企業だったので、そういう情報がすでに回っていたようです。他にも、UFOの話やレプティリアンの話なども、ソースがネット情報などではないものを入手している人も多かったですね。たとえば、「これドイツに行った時のやつなんだけれど」などと、生のUFOやエイリアン情報なども見せてもらっていました。

JOSTAR　その頃から、かなりの機密情報に触れていたということですね。

一兵衛　そうなんです。だから、TVの都市伝説系の番組などは、「何を今更こんなことを紹介しているんだろう?」くらいで興味が持てませんでしたね。

JOSTAR「僕の方が詳しいぞ!」みたいな感じですか。

一兵衛 そうなんです。もちろん、TVで番組にする際には言えないこともたくさんあるとは思うんですけれどね。だから、コロナでパンデミックになった時、これは確実に人口削減計画の一環ではないかと思ったわけです。ちょうど倒産した直後でもあり、この煽《あお》りを受けると本当に生き延びられないなと真剣に思ったんですね。成功しないと火星へ移住したりもできないだろう、と思って。さらには、5G問題やワクチン問題などもあり、何とかしないととと思っている時に、JOSTARさんの動画を見て、僕もやってみよう、と思ったんですね。そこで、改めて真剣にいろいろと調べはじめたわけです。

ＡＩの美空ひばりからゴム人間に興味が広がる

JOSTAR　そんな時にゴム人間に気づいたわけですね。

一兵衛　はい。Ｑアノン関連を調べる過程で、ゴム人間に気づいたんですね。ゴム人間とは、いわゆるＡＩなどのハイテクノロジーで作られた、本人ではないニセモノの存在や被《かぶ》り物、またはクローンのことです。僕の場合は役者出身で映像の世界にも詳しいので、それらの画像や映像について「これは本当なのか？」とよく聞かれますが、たとえば、ＡＩで作成された美空ひばりの映像が有名ですが、これと同じからくりや原理はあり得ると思ったんですね。そして実際に、友達をたどっていくとＡＩの美空ひばりを制作している知人にまでたどり着いたんです。

JOSTAR　AIの美空ひばりは紅白歌合戦にも出ていましたね。

一兵衛　そうなんです。その知人はタイに住んでいる日本人なのですが、やはりAIの美空ひばりを作るのは嫌だったそうです。なぜなら、やはりAIだとわかっていても、当然ですが本物ではないので視聴者を騙《だま》すことになるので、最初は断ったと言っていましたね。その時にわかったのは、こういった存在は意外と探せばたくさん出てくるのではないかと。ただし、YouTubeで扱うと、アカウントがすぐに削除されるだろうな、と思ってしばらくはやらなかったんですね。

JOSTAR　そこで僕が、YouTubeで特定の人物を出す場合は、目の部分をぼかすようにラインを引けば誰とは認識できないので、著作権に関しては問題ないというアドバイスをしたんです。そして、僕のイベントにも出演してもらったりしていると、たちまち再生数が上がって10万回を超えたわけですね。

一兵衛　そうなんです。そこから注目されるようになりました。教えていただいて助かりました。やはり、そんなことをYouTubeに直接質問するわけにいかないですからね（笑）。

ゴム人間もどんどん進化している

JOSTAR　たとえば、バイデン大統領とかは本物だと思いますか？

一兵衛　あれは本物ではなくて、ゴム人間ですね。それも、わかりやすいゴムですね。クローンにしても何体もいるだろうし、いわゆる彼の役者を演じる人もいますね。

JOSTAR　大統領なのでそのあたりの準備は万全でしょう。先日、バイデン大統領が大統領専用機のタラップを上る時に階段で何度もつまずいたのが報道されていましたが、つまずいた時の動きがなぜかデジタルっぽいと噂になっていましたね。

一兵衛　はい。それだけでなくて、演説をしている時に口元にあるマイクを手がすり抜けたりして、明らかに「CGじゃん！」ってわかるものもあります。

JOSTAR　他に、「この人はゴム人間だ！」みたいな有名人などは挙げられますか？たとえば、こういった話題は海外の政治家やセレブなどが多いですが、有名な日本人とかでいたりしますか？

一兵衛　はい。日本人なら、わかりやすい例として、都知事の小池百合子さんでしょうか。彼女もメディアにいろいろと登場しますが、微妙に顔が違うのです。それで、たくさんいる小池さんの歯を詳しく見てみると、歯がそれぞれ違うということがありました。

JOSTAR　なるほどね。「ダブル」と呼ばれる役者かもしれませんね。メイクや髪型で今日は雰囲気が違うな、ということはよくありますが、歯は変わらないはずですからね。何しろ、個人の特定を歯型でするぐらいですしね。他には、耳の形も1つの判断材料になりますね。耳の形も1人ずつ違っていて、指紋のような役割を果たすらしいですからね。

一兵衛　そうなんです。ゴム人間だとおぼしき人で、耳と顔の境目に切れ目がある人なんかがいますからね。たとえば、ゴムマスクを被る際には、耳だけ本人のものが出ていることが多いのです。なぜなら、おっしゃるように人間の耳はそれぞれ個性があるので、非常に作りにくいし、作っても薄い仕上がりなので、すぐに破れるんです。だから初期のゴムは、顔と耳の境目のところが不自然でおかしいことが多かったんですよ。ちなみに、なぜセレブ的な人物がゴムを被るかと言われれば、いろいろな事情がある中の1つとして、すでに知られているようにアドレノクロム切れになると、顔の周囲がパンダのようなアザになってしまいますよね。あの状態を隠すために被っていた人もいますね。中には、大量逮捕の時期になると精密なものが作れなくて、耳の穴が開いてないゴムなども出てきましたね。

JOSTAR　作りが雑なものもあるというわけですね。

一兵衛　もう見ていて、完全に本人じゃないでしょ、みたいなものもあります。あと、首だけがなぜか伸びている動画もあるし、女性なのに男性よりもごつい肉厚な手をしている姿の人もいます。ここまでくると、中にいる人は、クローンどころではなくエイリアンなのかな、とか思ってしまいますね。

JOSTAR　それこそエイリアン・テクノロジーを使えばできてしまいますからね。ゴム人間といっても、すでに相当進化したハイブリッドな存在もいるでしょうからね。

一兵衛　ゴムハイブリッドですね。

JOSTAR　一兵衛さんはとにかく、このゴム人間ネタで一気に視聴者数を増やしましたからね。

一兵衛　ゴム需要がすごかったというわけですね。実は、今日も自宅からここまでくる間に、2人から声を掛けられたんですよ。中年の女性が走ってきて指されて、「見てますよ！」と言われてしまいました（笑）。

闇の世界の重い話題だからこそ明るく楽しく伝えたい

JOSTAR　すっかりもうスターですね。

一兵衛　もう1人は、電車の中のサラリーマンの男性でしたね。そのサラリーマンの方がこちらをずっと見ていたので、「どうしたのかな」と思っていたら、すっと近づいてきて「ゴムニダ！」と一言言われてびっくりしましたね（笑）。

JOSTAR　ゴム人間でブランディングができましたね。僕はYouTubeのコンサルも行いますが、一兵衛さんは、まさにコンサルのしがいがあった1つのケーススタディです（笑）。僕もこのネタに関しては、何度かは取り上げましたが、そこまで深入りはしなかったんです。でも、一兵衛さんはそこにフォーカスを当てたことでヒットを飛ばした、という感じですね。とにかく、今となっては、収益も上がっているでしょうから、借金も返せるぞ！という感じじゃないですか？

一兵衛　はい、そうですね。人生ってこんなに変わるんだと自分で驚いています（笑）。

JOSTAR　今後はどんなことをやっていきたいですか？

一兵衛　そうですね。とにかく、こういった話は真面目にやるとヘビーだし、地下基地に子どもたちが閉じ込められていた、など何かと暗い話になりがちですよね。でも、やはり視聴者の方には関心を持っていただきたいというのもあり、なんとかできる範囲で、エンターテイメントとして伝えられれば、という感じですね。現状では、ゴム人間は1つのきっかけにはなりましたが、今からは金融リセットなどもはじまりますし、確実に黄金時代がやってきます。だから、コロナにしても地震にしても暗い話にするのではなく「未来は、大丈夫だよ！」ということを伝えていきたいんです。

JOSTAR　一兵衛さんらしく明るく笑える感じで伝えていってください！　今日はありがとうございました。

一兵衛　こちらこそ、ありがとうございました！

Chapter4
JOSTAR と YouTuber の仲間たちが大集合！
~ Members From「スピリット祭り」~

JOKER

File 9

果たしてあずきバーで
釘は打てるのか!?
そんな、ちょっと変わった
実験系の動画が得意

YouTube グンマーの馬野郎

群馬出身のミュージシャン、チャンネル名は「グンマーの馬野郎」

JOSTAR　そもそも僕たちの出会いは、僕がYouTube本社で番組をやっていた時に、ゲストに来ていただいたのがきっかけで知り合い、以降、番組の制作のお手伝いも含めてゲストで毎回、出ていただいていたんですよね。ひとまず、読者に向けて自己紹介からお願いできますでしょうか？

JOKER　はい、「JOKER（ジョーカー）」と申します。YouTubeでは「グンマーの馬野郎」というチャンネルを開設していまして、あまり意味のない動画ばかりを作っています（笑）。基本的には、実験・検証・料理・戦い・特技などをベースにして、ほとんど何のタメにもならないムダな動画ばかりをあえてアップしています。ちなみに、ミュージシャンもやっています。

JOSTAR　何系の音楽ですか?

JOKER　音楽のカテゴリーで言うなら、「コミックメタル」ですね。一応、ボーカルをやっていまして、iTunesにも『ピンポンダッシュ』という曲があるのですが、ダウンロードランキングにおいて、日本で2位になったことがあるんです。

JOSTAR　それはすごいですね。ちなみに、JOKERさんご自身はYouTuberとしての活動はまだ新しいんですよね。

JOKER　はい、本格的にはじめてまだ1年ぐらいです。

JOSTAR　JOKERさんのチャンネルはコアなファンの人がいそうですね。

JOKER　はい、コアなファンの人しかいないですね（笑）。

JOSTAR　ですよね。コメント欄って普通はあまり埋まらないのですが、JOKERさんにはコメントを書いてくる人たちが多いですよね。ところで、動画をアップする頻度はどれくらいですか？

JOKER　週に1回から2回ぐらいですかね。

一風変わったユニークな実験系の動画が特徴

JOSTAR　今までで一番アクセスが高かったのはどんな内容の動画ですか？

JOKER　「あずきバーで釘を打ってみた」という動画ですね。いわゆるアイスクリームのあずきバーで、釘が打てるかどうか、という実験です。

JOSTAR　基本的に実験系が多いですよね。いわゆる元祖YouTuberなスタイルですよね。結局、あずきバーで釘は打てたんですか？

JOKER　はい、打てました。

JOSTAR　他にはどんな実験をされていますか？

JOKER　子どものおもちゃを改造したり、身体を張った実験などもしていますね。

JOSTAR　JOKERさんはあまりおしゃべりなタイプではないので、コミュニケーションを取るのも粛々と実験などをして見せる、という感じですね。

JOKER　そうですね。いろいろと考えて、あえて言葉は一切しゃべらずにテロップだけでやっていますね。その代わり、BGMやSE（サウンド・エフェクト）などには音楽の種類を使い分けて、雰囲気を出したり、間を作ったりなどして、全体の空気感を大切にしています。

JOSTAR　そういうこだわりがあると、制作にも時間がかかるのではないですか？

JOKER　そうですね。10分ぐらいの動画で2日くらいはかかるかもしれません。

JOSTAR　そのこだわりは、わかる人にはわかると思いますよ。今からこんなことやってみたいとかってあります？　実験系にしても。

JOKER　本当はたくさんあるのですが、YouTubeの規制に引っかかりそうなものが多いので、どうやればいいかと考えているところです。今回は大丈夫だったけれども、これ以上のことやると多分、駄目なんだろうな、なんていうものも多くて。たとえば、大人のおもちゃ系を使った実験だったりとか……。

JOSTAR　セクシー系の要素があると危ないですからね。

JOKER　そうなんです。でも僕は、普通の人がやらないような踏み込んだ実験をやりたいと思っていたので……。

JOSTAR　もともとメカニックには強かったのですか？　プラモデル作りが好きだったとか。

JOKER　そうですね。そういうのが今に役立っていますね。メカはそんなに難しいことでなければ、ある程度のことはできるかと思います。

JOSTAR　今、ミュージシャン兼YouTubeの活動ということですが、ミュージシャンがフルタイムのお仕事ですか？

JOKER　いえ、実は会社員もやっています。でも最近は、ミュージシャンのお仕事がだんだん増えてきたという感じですね。

JOSTAR　ミュージシャンの方でも今後、活躍が期待できそうですね。YouTubeでは一風変わった実験を楽しみにしています。今日はありがとうございました。

JOKER　ありがとうございました。

あおみえり

File 10

目覚めの時期に向けて
五感だけでなく
六感を高めていく方法を
探りたい！

YouTube あおみえり

・twitter　@eriny718

「生まれてきた理由」を探して、都市伝説や陰謀論にたどり着く

JOSTAR　まずは、自己紹介からお願いいたします。

あおみえり　こんにちは、あおみえりです。アナウンサーと話し方のトレーナーをしていますが、YouTuberとしては、都市伝説や陰謀論、UFO関連などの内容を取り上げています。よろしくお願いいたします。

JOSTAR　YouTubeをスタートされたのは、いつ頃ですか？

あおみえり　だいたい2年前からですね。ただし最初の頃は、方向性を今のようなテーマ

には決めていなかったんです。私はアナウンサーなので、話し方についての内容だとか、美容系の話などもやっていましたね。その中で、都市伝説についてもたまに話す、みたいな感じで最初はあまり本格的にはやっていませんでした。

JOSTAR　チャンネルは1つだけですか？　サブチャンネルもありますか？

あおみえり　はい。今はサブチャンネルもあります。

JOSTAR　そもそも、都市伝説に興味を持たれたきっかけは？

あおみえり　そうですね。私はもともと小さい頃から、どうして私は生まれてきたのだろう、などと思ったりするようなところがあって、逆に、他の人たちがそういうことを考えずに生活をしているのが不思議だと思えるような子でした。だから、特に何がきっかけで興味持った、ということではなく、自然とこのような情報を調べるようになっていた、という感じですね。

JOSTAR　そうなんですね。今はどのような感じで情報収集をされていますか？

あおみえり　YouTubeにアップする内容に関しては、自分の興味対象とは違う場合もあります。やはり、ある程度数字を意識したり、視聴者の方が求めているものを調べたりしなければいけない、というのがありますので。でも、自分が興味あるものに関しては、好きな都市伝説のYouTuberさんの動画を見たり、本を読んだり、あとは自分で足を使って神社に行って調べたりもしていますね。

アクセスが高い動画と評判の良い動画は違う

JOSTAR　これまでに一番アクセスが高かった動画、評判が良かった動画などはありますか？

あおみえり　アクセスが高い動画と、評判が良い動画というのは多分同じではないかもしれません。たとえば、明るい未来についての希望が持てるような内容のものだと、もちろん皆さんに喜ばれるのですが、私は性格的にはっきり物事を言うタイプなので、内容によっては怒りを感じるようなことにはそのままの感情をぶつけることもあるんですね。でも、そういう場合は、視聴者の方から「自分は内側にストレスを溜めこむタイプなので、配信を見てすっきりしました！」というようなコメントもいただいたりします。なので、どのような内容に関しても、それぞれの反応をいただく、という感じですね。

JOSTAR　なるほど。今、興味を持っているテーマは？

あおみえり　そうですね。今、興味があるのは、これから人類が目覚めていく中で、人間の五感だけでなく六感までを高めていくにはどうすればいいか、ということを調べていきたいですね。どうすれば、自分の身体を目覚めに対応させながら進化させていけるのか、などを探っていきたいです。

JOSTAR　そのあたりは僕も知りたいですね。ところで、アナウンサーはどういった形でお仕事をされているのですか？

あおみえり　報道番組にレギュラーで出たりしています。アナウンサーに関しても、経済や政治系の分野のお仕事が多いですね。もともと金融関係のお仕事の営業をやっていたことがあって、FP（フィナンシャル・プランナー）の2級の資格があるので、このあたりの分野にもお声をかけていただけるのかもしれません。

年齢が高い層に人気があることが分析ツールでわかる

JOSTAR　経済や政治系に強いのは、アピールポイントになるのでいいですね。今、YouTubeの動画をアップする頻度はどれくらいですか？

あおみえり　ライブ配信を行うようになってからは、毎日、1日2回ぐらいはやるようにしています。

JOSTAR　結構頻度が高いですよね。ちなみに、視聴者のファンの方の特徴とか傾向みたいなものはありますか？

あおみえり　YouTubeのアナリティクス（分析ツール）で視聴者の方の年齢層などを調べられるのですが、私のチャンネルは55歳以上の方が60パーセントで、60歳以上が三十数パーセント、という数字が出ていて、年齢を重ねた方々にたくさん見ていただいていることがわかりました。

JOSTAR　そうなんですね。男女比だとやはり男性の方が多いですか？

あおみえり　はい、男性の方が多いですね。いただくコメントにもいろいろなものがあって、中にはイラッとするものもあるのですが、「関節が痛い中、コメントを打っています」というようなコメントがあると、「おじいちゃんが頑張ってコメントを打ってくれているのだから、怒らないようにしよう!」なんて思ったりもします(笑)。

JOSTAR　ファンの方にとっては、癒しのチャンネルになっているんじゃないですか。

あおみえり　はい、そういう場が作れたらいいなと思いますね。

JOSTAR　いいですね。最後に、今後こんな形でYouTuberとしてやっていきたい、みたいなものがあれば教えてください。

あおみえり　先ほどのお話ではないですが、年配の方々が1万文字くらいある論文のように長いコメントを書いてくださるので、そんなコメントをまとめてホームページとか作ったら面白いのではとも思っています。

JOSTAR　コメントから学べることもありますからね。

あおみえり　はい、すごい知識をお持ちだな、と勉強にもなります。YouTubeの良さはそんなところから刺激を受けて、また自分の配信にも反映できるところですね。

JOSTAR　日々進化する、あおみえりさんですね。今日はどうもありがとうございました！

あおみえり　こちらこそ、ありがとうございました。

クルーズTV―宮崎優衣
葉山なつみ、渚志帆

File 11

タレントとして
羽ばたきたい！
そんな人たちのための
トークバラエティチャンネル

YouTube クルーズTV

YouTube（個人チャンネル）

宮崎優衣 みゆいチャンネル　葉山なつみ なあちゃんのむら

芸能活動をする人たちが世の中に出るためのチャンネル

JOSTAR

まず、僕の方からYouTubeの「クルーズTV」というチャンネルについて簡単にご説明しておきます。基本的に「クルーズTV」は、「生放送のトークバラエティー番組」をコンセプトに、ゲストにはグラビア・女優・アイドル・モデルなど芸能活動をしている方々を呼んで、週に3回、19時からライブ配信を行っているチャンネルです。今日は、クルーズTVに参加している方から3人の女性をゲストにお呼びしました。まずは、1人ずつ自己紹介をお願いいたします。

宮崎優衣　はい。では、私から。ざきぽんこと宮崎優衣と申します。そうですね。まず、クルーズTVについて今の説明に加えるとすると、主に芸能活動をしている人たちが、世の中に出るための足掛かりになるようなチャンネルという感じでしょうか。コンテンツとしては、週3回の番組ですが、いろんな人がMCをやって、さまざまなゲストさんたちと一緒に盛り上げていこう！っていう感じのチャンネルですね。私個人としては、普段は役者やタレント活動をしているんですけど、約半年前に「みゆいチャンネル」というYouTubeを開設しまして、そのチャンネルでは主に韓国のご飯や、K‐POPなどの情報を皆にお知らせするような動画をアップしています。よろしくお願いします！

JOSTAR　ありがとうございます。K‐POPや韓国系の情報に強い、という感じですね。では、次の方、お願いいたします。

葉山なつみ　はじめまして。葉山なつみと申します。普段はタレント、モデルと、あとアイドルグループに2つ所属していまして、「コンビニ推進アイドル」と「向日葵《ひまわり》プリンセス」というグループなのですが、今はグループ活動を通して、「全国を明るくしていこう！」というプロジェクトで活動をしています。実は個人的なYouTubeは、最近はじめたばかりなんです。普段は芸能のお仕事しながら、パティシエもしています。他にも飲食の調理師、栄養士、そしてフードコーディネーター、食育インストラクターという資格も持っているので、そんな資格も活かしながら、自分ならではのYouTube動画を作っていけたらいいなと思っています。よろしくお願いします。

JOSTAR

すごいですね。食関係の資格を軒並み持っている、という感じですね。YouTubeでもそのあたりは活かせますね。

葉山なつみ

はい。飲食関係のお仕事で働いていた経験を活かして、食品の商品開発もできますし、あと、フルーツカットなんかも特技なので、そのあたりの技術も披露できればいいなと思います。あと、バレンタインやクリスマスなどのイベントや行事に焦点を当てて、視聴者の方が作りやすいようなメニューなども動画で紹介していければいいな、とも思っています。今は「45秒チャレンジ」といって、45秒の歌が流れている間にどんなことができるか、みたいなことをやっています。

JOSTAR　なるほど。フルーツカットもアートだから画面映えしますね。食レポなども専門的な視点でできますね。

葉山なつみ　はい。いずれは、YouTube以外でも料理番組なんかのコーナーとかで、いつかやれたらいいなと思っています。

JOSTAR　では、最後に渚さん、自己紹介をお願いいたします。

渚志帆　はい、渚《なぎさ》志帆と申します。私は今のところ個人でのYouTubeはやっていないのですが、普段は女優をやっていて、舞台関係、映像関係のお仕事が多いのですが、声優としての活動もしています。

JOSTAR　渚さんは、個人のYouTubeの方は今後やる予定はないのですか？

渚志帆　はい。やろうと思ったことはあったのですが、一度自分で動画の編集をしてみたら、予想外に時間がかかって難しかったんですね。なので、ちょっと今のところ、今後のことは考えつつ、という感じですね。

JOSTAR　お芝居の仕事としては、どのような種類のお仕事が多いのですか？

渚志帆　私は日本舞踊や茶道などを以前からたしなんでいて日本の伝統的なものが大好きなので、将来的には、時代劇に出てみたいですね。

JOSTAR　ありがとうございます。宮崎さんは、今後の方向性などはいかがですか？

宮崎優衣　はい。今後、やってみたいことはたくさんありますね。私は、中学3年生の頃から芸能事務所に所属してきたので、普通の同い年の子たちとは少し違う経験をしてきたのですが、今後もやりたいことを通して、自分の夢を1つずつ叶えていきたいです。その1つがYouTubeでした。コロナ禍の前に、私はK‐POPアイドルの事務所の練習生を1年間やっていたのですが、その時に出会った友人と、今一緒にYouTubeをやっています。韓国と言えば、日韓関係の問題もあって韓国のことを嫌いな人もいたりするのですが、そんな人たちにも見ていただけるような気軽で楽しいチャンネルを目指しています。内容は、友人と新大久保の美味しいお店の紹介を兼ねて食事をしながら雑談をしたり、こんなK‐POPグループもいるよ、などの紹介をしたり、自由にいろいろなテーマを取り上げています。

JOSTAR　日本と韓国の間の橋渡しみたいなことをYouTubeでできるといいですね。

宮崎優衣　はい。そうなれるといいなと思っています。

JOSTAR　中3から芸能活動をされているんですね。それにしても、今はコロナ禍の期間でもあるし、あまり韓国とも行き来ができないですね。

宮崎優衣　事務所に入ったのは中3ですが、きちんとお仕事をいただいたのは、高校生からですね。あと、今の時期、韓国へ行こうと思えば行けるのですが、やはり、隔離期間などもあるはずなので、まだ昔のように簡単には行けないかもしれませんね。なので、やはりしばらくの間は、新大久保のお店など、身近なところで入手できる情報でご紹介していきたいですね。個人的にも韓国の民族調の色彩感覚なども好きで、自分のファッションにもインスピレーションをたくさんもらえるので、そんな部分もご紹介できればと思います。

JOSTAR　楽しみですね。クルーズTVに出演されているタレントさんたちは合計60人くらいいるのですが、本日はその中から『東京怪物大作戦』にも出演していただいた選りすぐりの3人の方にお越しいただきました。ありがとうございました！

3人　ありがとうございました！

Chapter4
JOSTARとYouTuberの仲間たちが大集合！

～ Members From「スピリット祭り」～

JOSTAR with YouTuberの仲間たちによる座談会

皆でしゃべれば怖くない！

何を言っても垢BANナシ！

テーマ1 あなたにとっての怪物とは？怪物って存在する？

人間の心の奥に棲む怪物がいる

JOSTAR　皆さんには、『東京怪物大作戦』にも参加していただいていますね。ここで改めて、映画のタイトルにもある〝怪物〟にちなんでの質問ですが、この世の中に〝怪物〟という存在がいるのかどうかについて1人ずつお聞きしてみたいと思います。もちろん、それぞれにとっての怪物とは何であるか、という定義もあるかとは思いますが、皆さんの考える怪物について、自由に語っていただければと思います。まずは、阿部美穂さん、いかがですか？

阿部美穂　はい。たくさんいると思いますね。

JOSTAR　たとえば、どんな怪物ですか?

阿部美穂　やはり、人間の心の奥に潜んだ悪い部分、闇の部分などは、ある意味怪物だと思いますね。たとえば、人間関係においても人を陥れようとするような意地悪さとか、また、無意識のうちにそんなことを考えてしまうのも、やはり心の奥の怪物が顔を出すのかな、と思いますね。

JOSTAR　なるほど。人間の深層心理というか潜在意識に怪物が潜んでいる、ということですね。あおみえりさんはいかがですか?

あおみえり　そうですね。私もあべさんと同じで、やはり怪物たちって人間の心に棲んでいるのではないかと思いますね。YouTubeをやっていると、コメント欄に心無いコメントなどが来ることもありますし、そんな時は、「人間の心にはこんな怪物がいるんだな」って思うこともありますね。ただし、そんな怪物を生み育ててしまう社会の構造もある、というところにも問題があるのではないか、とも思いますね。

JOSTAR　そうですね。確かに、怪物が育ってしまうという社会背景もあるわけですよね。では、スピリチュアルナビゲーターのレイアさんはいかがですか？

実際に目に見えない霊的な存在の怪物もいる

レイア　スピリチュアルな観点から言うと、場合によっては、悪意のある霊魂の憑依が運を落としたり、また、犯罪を引き起こしたりすることもあるんですね。

もちろん、心の中に潜む怪物もいるかとは思いますが、実際に、悪霊など霊的な存在としての怪物もいると言えるでしょうね。

JOSTAR　レイアさんには、イベントでも会場のお祓い的なものをしていただいたこともありますしね。人の心だけでなく、霊的なリアルな存在としての怪物もいるということですね。続いて直家GOさんはいかがですか？

直家GO　はい、いると思います。それも、大きく分けて3種類いると思います。まず1つ目は、人類が作った怪物ですね。戦争兵器や害を及ぼすシステムだったり、あるいは、理不尽に人を規制するような法律などもそうだと思います。次の怪物は、地球上に存在する、いわゆる生き物としての怪物ですね。古代の恐竜もそうだし、今の時代にもアマゾンの奥地や雪山、海に潜んでいるような、まだ人類が発見していない怪物もいると思います。実際に、正式に認められていなくても、赤外線カメラなんかで目撃されているものもありますしね。そして、3つめの怪物が、やはり、人間の心の奥に棲む怪物ですね。

人間関係の中で起きるトラブルや事件なんかはやはり、人間の心の怪物が起こすものだと思いますね。

JOSTAR　続いて、一兵衛さんはいかがですか？

エイリアンとしての怪物もいる!?

一兵衛　そうですね。ネット上に、なぜか首だけがやたら長いセレブリティだとか、なぜか身体の比率的に手だけが特別に大きい女優さんなんかの動画などがニュースで上がってきたりしているのを見ると、これはエイリアンなのか怪物なのか、と思ってしまいますね。そういう意味では、間違いなく怪物は存在していると思います。

JOSTAR　続いて、「クルーズTV」の3人はいかがでしょうか。まずは、ざきぽんこと、宮崎優衣さん。

宮崎優衣　そうですね。怪物という言葉の意味を広く捉えると、たとえば、女性が電車で痴漢に遭ってしまい、それをきっかけに男性が怖くなり、その後の人生の価値観なんかがまったく変わったりするようなこともありますよね。人生を変えてしまうという意味で、それは怪物的な出来事なのだと思います。他にも人間の欲望とか、喜怒哀楽なんかも怪物なのかもしれませんね。

JOSTAR　なるほど。人間の欲も怪物というのはわかります。次に渚志帆さん、いかがでしょうか。

渚志帆　そうですね。多分、怪物はいると思いますが、私はまだ個人的にあまりそのような存在をはっきりと感じたことがないので、「いるんじゃない？」っていうような感じでしょうか。

JOSTAR　怪物に遭ったことがないのはラッキーかもしれませんね。葉山なつみさんはいかがですか？

葉山なつみ　やはり、怖いのでいてほしくないという気持ちが強いですね。もしかしたら、いるのかもしれないけれど、いても見ないようにするかもしれません。また、先ほどから皆さんもおっしゃっていますが、私も芸能活動などしていると、たまにいやなことを言われたりする体験をすることもありますが、やはり人を傷つける言葉や感情なども怪物なのかな、って思いますね。

JOSTAR　怪物はいても見ないようにする、というのは防御策としていいですね。次にJOKERさんことグンマーの馬野郎さんはいかがですか？

JOKER　すでに皆さんに言い尽くされた感はあるのですが（笑）、やはり怪物はいると思います。考えてみれば、僕自身が基本的にあまりしゃべらないし、馬の被り物を被っているし、ろくなことをしてないので、実は、僕も怪物かもしれません（笑）。

JOSTAR　なるほど。最後にこのテーマのいいオチをありがとうございました。

テーマ2 新型コロナって結局どうなの？

コロナに罹《かか》った人が周囲にいないという事実

JOSTAR　次のテーマに移りたいと思います。ご存じのように、僕は「スピリット祭り」というYouTuberの皆さんを集めたイベントを定期的に開催していて、今日集まっていただいた皆さんにも出演していただいています。実は、このイベントを立ち上げた理由としては、コロナ禍で世の中が自粛モードになったということで、そうした中、なんとか皆さんに楽しんでいただけるものが提供できれば、と考えたからなのですが、そもそもそんなコロナ禍を招いた新型コロナについてお聞きしてみたいと思います。皆さん、コロナウイルスって果たして本当に存在しているのかなどを含め、コロナについて一言お聞かせいただけますか？　YouTube上ではかなり規制もあると思うので、ここではそのあたりも自由に語ってください。まずは、ご自身のチャンネルでもそのあたりを扱われている、あおみえりさんからどうぞ！

あおみえり

このテーマは、難しいですよね。まず、コロナの感染者を毎日のように発表していますが、一方で、いわゆるインフルエンザに罹る人などは減っていて、そういった数字を出さないのもおかしいですよね。コロナがあるかどうかという問題については、私の肌感覚として、私の周囲でコロナにかかった、という人が1人もいないので、ちょっと信じられないというのはありません。そんな中、今ではワクチンを打たせるような流れに誘導しているのも少し不自然だなと思っています。

武漢からコロナウイルスが世界に広がったのは確か

JOSTAR　YouTubeでは、そのあたりもはっきり言えないのが現状だったりしますね。では、直家GOさんはいかがですか？

直家GO　そうですね。まずは、すでに陰謀論的な世界ではよく言われていることですが、今回、パンデミックを起こしたコロナを生物兵器と考える人たちもいますね。でも、実はこの日本においても、戦時中にも帝国陸軍の「731部隊（第二次世界大戦において大日本帝国陸軍に存在した研究機関）」の時代から生物化学兵器を開発したので、あり得る話かもしれません。ちなみに、日本では戦後に戦争犯罪者として巣鴨拘置所に収監されていた人たちの中には、GHQから免除を受け、その後、アメリカに渡りアメリカ側で生物化学兵器の研究をした科学者たちもいます。つまり、アメリカ側にも生物化学兵器を作る能力はすでに数十年にわたってあるということです。今回は、トランプ前大統領がコロナのことを「チャイナウイルス」と呼びましたが、地理的に武漢からコロナウイルスが世界に広がった、ということは間違いないと言えると思います。ただし、コロナウイルスが中国の武漢の研究所にあったものがばらまかれとはいえ、そこで開発されたものがばらまかれたのか、もしくは、他所から武漢に持ち込まれたものがばらまかれたのか、というところまではわかり得ないのかな、と思います。

JOSTAR　武漢から世界に広がった、という部分は正しいのではということですね。では、一兵衛さんはいかがですか？

コロナを取り巻く環境に矛盾多し

一兵衛　そうですね。今回の新型コロナに関することには、いろいろな矛盾があるのが気になります。たとえば、PCR検査に関しても、最初にそのための検査キットを発明したアメリカの生化学者でノーベル賞まで取ったキャリー・マリス博士が、「PCRでは、確実な検査はできない」と言っていたのに、PCRですべてを判断している状態というのが矛盾していますね。他にもコロナに関しては三密を避けるべき、と言ってルールを設けながらも大型のコンサートなども行われているし、いろいろと矛盾点もありますね。

JOSTAR　ありがとうございます。「クルーズTV」からの3人はいかがでしょうか。宮崎優衣さんは、自粛モードの時期などはいかがでしたか？　ご自身のタレント活動に影響ありましたか？

宮崎優衣　20代前半の一般女性としての感想にはなると思うのですが、基本的に私はテレビをあまり見ないので、主にSNSからの情報や知識しかないのですが、コロナに関しても、かなりの印象操作はされているのかな、という印象がありましたね。タレント活動に関しては、実際には決まっていた舞台なども中止になったり、延期になったりしたので影響を受けました。特に、世の中的にも最初に活動の自粛を強制されたのがライブ会場や劇場でしたからね。でも一方で、そこまで規制を強制されていない業界などもあり、結構そのあたりが不思議でしたね。

JOSTAR　なるほど。続いて渚志帆さん、今回の長かった自粛モードの中で、何かご自身で考えさせられるようなことや、変化があったことなどありましたか？

渚志帆　そうですね。実はコロナに関しては、あまり現実味がないのが現状です。というのも、私の周りではコロナに罹った人がまだ1人もいないからです。たとえば、去年の夏や秋の時期に舞台をやった際に、スタッフも含めて30人くらい全員が検査を受けたのですが、誰一人として陽性の人が出なかったんですね。そういうこともあって、テレビなどではコロナの感染者数などを含めて罹った人のお話などもよく見ますが、個人的には周囲には誰もいないのでちょっと現実味がないという感じですね……。これって何なんだろう、みたいな……。

JOSTAR　そんなことをおっしゃる方は結構多いですよね。では、葉山なつみさんはいかがですか？

葉山なつみ　私も楽しみにしてたイベントに参加するかどうかについて、悩んだりもしましたね。もちろん、イベントの関係者の皆さんの健康を考えることも大切なのですが、自粛が当たり前、というような空気感もどうかな、とは思っていましたね。コロナ禍の期間中は、イベントを開催すると叩かれる人も多かったですからね。テレビ取材などもリモートで行うのが当たり前になっているし、マスクをつけることも普通になってマスクが顔の一部みたいになっちゃっていますよね。今の状況が元に戻って、早く普通の生活ができればいいのに、と思いますね。

ＪＯＳＴＡＲ　ありがとうございました。続いて、ＪＯＫＥＲさんは、この自粛モードにYouTubeをスタートされましたよね。YouTubeをはじめるきっかけになった自粛モードとコロナウイルスについて、何か意見はありますか。

ＪＯＫＥＲ　僕はミュージシャンなので、やはり音楽活動ができなったのは痛かったですね。さて、では何をしようかなって考えた時に、ＪＯＳＴＡＲさんからYouTubeをおすすめされたのではじめてみた、という感じです。でもやってみると面白かったですね。ちなみに、コロナに関しては、僕の周りだと1人だけ、ＰＣＲ検査に引っ掛かったという人がいました。ただし、ではその人が実際にコロナに罹ったのかどうか、というその後の話までは聞いていないのでわからないですね。

ＪＯＳＴＡＲ　ＪＯＫＥＲさんは群馬県の方ですが、一時は「群馬から外には出てはいけない」というような時期もありましたよね。

JOKER　はい。規制が一番厳しい頃はそうでしたね。職場などでもそういう指令がありました。

コロナに負けない！という精神も大切

JOSTAR　続いて、阿部美穂さんはいかがですか？　コロナウイルス、自粛モードなどを含めて何か感じていたことなどありましたか？

阿部美穂　そうですね。実は私がライブに出演していたようなところは、「コロナに負けるな！」みたいな雰囲気だったので、逆にライブをやったりして、なおかつ皆で集合写真を撮ったりするようなこともやっていましたね。ただし、家族からは「何をやっているんだ」というような感じで怒られたりもしました。でも、やはり出演させてもらえるからには、と私も頑張って参加していました。

JOSTAR　なるほど。どちらかというと「コロナに負けるな！」、というスタンスだったということですね。では、スピリチュアルナビゲーターのレイアさんはいかがでしょう。スピリチュアルな観点から、コロナウイルスについて何かコメントはありますか？

レイア　私としては、コロナはやはり、人工的なものであり、かつ、人為的に広められたもの、という考えですね。NYやフランスにいる海外の友人たちからもいろいろと映像を含め情報をもらっていますが、やはり、そうとしか思えないですね。大手メディアで言っていることと、実際の現地の情報が違うことも多いです。たとえば、NYではPCR検査に大行列ができている、という話題もありましたが、そういうことはなかった、という情報もありますしね。そして、もし、そういう情報を流すSNSのアカウントがあれば、削除されたりしていますしね。あと、ワクチンにも危険性を感じています。たとえば、子宮頸がんワクチンに関しても、若い女性たちがこのワクチンを接種したことで、苦しんでいる人もいたりするわけです。それでも、製薬会社の利権問題などもあり、産婦人科や教育現場や企業などはこのワクチンを推奨するわけですよね。コロナのワクチンに関しても同じだと思うのです。ただし、こんな意見や議論なども YouTube や Facebook では言えないので、私の場合はLINEで皆さんに送っていますね。

一人ひとりが情報を取捨選択すること

JOSTAR　スピリチュアル的な視点で見たときに、この時期をどのように乗り越えていけばいいか、アドバイスなどありますか？

レイア　いろいろな情報が錯綜する中で、自分自身は何を選ぶのかということが大事ですね。情報は必要以上に取り込む必要はないものの、ある程度のことを知っておく必要はありますし、その中での選択ですね。たとえばワクチンに関しても、治験が完全に終わっていないのに、ワクチンを受けたらどうなるのか、などは自分で考える必要があるでしょう。その上で、ある程度様子を見てからワクチンを打つのならそれも1つの選択だし、やはり、打たないという選択もあります、ということですね。

JOSTAR　一人ひとりが情報の取捨選択をするということですね。

レイア　はい。あと、天界からのメッセージによると、「危機的な状況を変えていくには、祈りと感謝の心を大切にしながら、集合意識レベルで変わらない限りこの状況は変えられない」とのことでした。ですから、やはり方向性が同じ皆で手と手を携えて一緒に未来を創造していく、という意識を持つことが大事ですね。

JOSTAR　集合意識レベルで人類の意識転換が必要ということですね。今回のコロナウイルスに関するいろいろな側面からのご意見を伺うことができました。ありがとうございました！

Epilogue

本書を最後まで読んでいただき、ありがとうございました！

これまでの世の中は、多くの人の理想に反して、闇に潜むあらゆる怪物たちによって汚されてきました。

でも、そんな汚染された世界も、今は一掃されつつありクリーンになってきています。

これからは、普通の人たちが安心して楽しく平和に暮らせるような未来がやってくるはずです。

新しい時代の「エデンの園」の扉は、すぐそこまで見えてきています。

これからも、たくさんの情報が世の中にはあふれてきますが、汚染された情報ではない真実だけを自分の中に取り入れていきたいものです。

Qからの開示がこの先も続くように、僕、ＪＯＳＴＡＲも今後はYouTube配信以外にも活動の幅を広げ、書籍などを通して光サイドの一員として、新たな情報を開示していく予定です。

最後に、今回のこの本はたくさんの仲間たちの協力のもとで完成することができました。

参加してくれた仲間たちには、感謝の気持ちを捧げたいと思います。

どうもありがとうございます！

そして、読者の皆さんへ。

会えないときも、いつも皆さんと共にいます。

また、どこかでお会いしましょう！

ＪＯＳＴＡＲ

Profile

ジョウ☆スター

JOSTAR

YouTuber、音楽・映像プロデューサー。YouTube のコンサルテーションも行う。東京都出身。アメリカ人の父親と日本人の母親のもとに生まれる。吉祥寺で育ち、学生時代はバンド活動に明け暮れる。「好きなことで生きていく」という YouTube のＣＭのコピーに影響を受けて、2016 年からソロチャンネルを始動する。現在はメインチャンネル他、多くのチャンネルを運営中。YouTuber の仲間たちとともに出演する映画、『東京怪物大作戦』をプロデュース。YouTube では、日々世界中で起きているニュースやそのニュースの裏にある真実を読み解くライブを配信し、好評を博している。

『飴魔法名探偵蜜咲』
蜜咲ばぅ主演

の新作映画が

監督 シネマッツン

続々登場!

クールズ TV が出演する
新作映画も登場！

『特殊部隊 G.O.M.Q』
岡本一兵衛主演

JOSTAR プロデュース

『東京怪物大作戦』のスピンオフ映画が近日、続々公開予定となっています！ YouTube やイベント上映会においてご覧になっていただけますので、お楽しみに！

『オカルト怪物学園』
囁《ささや》き女官《にょかん》の館《やかた》 あくあ主演

世界怪物大作戦Q
世直しYouTuber JOSTARが闇を迎え撃つ！

2021年8月25日　第1版第1刷発行

著　者　JOSTAR（ジョウ☆スター）

編　集　西元 啓子
イラスト　メメント・コモリ
校　閲　野崎 清春
デザイン　小山 悠太

発行者　大森 浩司
発行所　株式会社 ヴォイス　出版事業部
〒106-0031
東京都港区西麻布3-24-17 広瀬ビル
☎ 03-5474-5777（代表）
☎ 03-3408-7473（編集）
FAX 03-5411-1939
www.voice-inc.co.jp

印刷・製本　株式会社　シナノパブリッシングプレス

ISBN978-4-89976-519-6